改訂

プロジェクト学習で始めるアクティブラーニング入門

—テーマ決定からプレゼンテーションまで—

稲 葉 竹 俊【編著】

鈴 木 万希枝・村 上 康二郎
神 子 島　健・佐 藤　宏 樹【共著】

コロナ社

改訂にあたって

プロジェクト学習にまだ不慣れな学生にとって，本書をよりわかりやすく，より親しみやすい水先案内人にしたいという執筆陣の願いが，本書の改訂という形で実を結ぶことになりました。実際に本書を活用した PBL 授業を 3 年間，合計で 6 セメスター実施するなかで，学生にとって理解しやすい内容に書き改めたり，より丁寧な説明を付け加えたりしたほうが良い部分が，多々出てきました。また，執筆者達の担当する PBL 授業の新しいテーマとして SDGs を採用するというプロジェクトが浮上したことも改訂の副次的な動機となりました。

なお，本改訂では，つぎの 5 名で分担して執筆しました。

稲葉　竹俊：1，3，7 章

佐藤　宏樹：2 章

鈴木万希枝：4 章

村上康二郎：5，6 章

神子島　健：8 章

新指導要領に基づいて，アクティブラーニングを採用した授業が 2020 年から小学校で，2021 年からは中学校で，いよいよ本格的に導入されます。そのようなきわめて重要な時期に，改訂版を出版できることは執筆者として大きな喜びとするところです。また，改訂をお認め頂いたコロナ社に謝意を表します。

2019 年 11 月吉日

編　者　稲葉　竹俊

ま　え　が　き

教員から学生への一方向的な講義だけでは，大学卒業後に学生たちが生涯にわたって活躍するのに十分な知識や能力の基礎を育てることができないという危機感から，学生が主体的かつ能動的に学習活動を進めていくようなアクティブラーニング型の授業が，多くの大学で導入されるようになっています。また，このムーブメントは大学だけにとどまらず，小学校から大学までの全教育課程に広がりをみせています。このような背景のもと，おびただしい数のアクティブラーニング関係の書籍がここ1，2年の間に出版されるようになりました。これらの書籍の大部分は，教員をはじめとする学校組織の関係者を対象に書かれたもので，学生向けの書籍はほとんどありません。アクティブラーニングという学習論，授業設計論自体が，大部分の教員にとって未知のものであり，まずはその実態を掌握し，またその実施方法や実施事例に触れることから，その導入の準備を始めなければならなかったわけですから，これも当然と言えば当然の事態とも言えるかもしれません。

しかし，いまや受験生向けの大学案内や大学のホームページ，さらには各大学が公開するカリキュラムポリシーなどでもこの「アクティブラーニング」という言葉が使われるようになっています。また，本書が中心的に扱っているプロジェクト学習（project-based learning）や問題解決学習（problem-based learning），いわゆるPBLをアクティブラーニング型授業として，大なり小なり実施している大学も急増しています。本書はこのような状況を踏まえ，学習者として，つまりは主役としてアクティブラーニング型授業に参加している学生の皆さんがその授業のねらいや基本的な設計思想をよく理解しておく必要があるであろうという認識から執筆が計画されました。いままで慣れ親しんできた講義形式とは異なるスタイルの授業を行うのに教員サイドでそれなりの決意と前準備が必要であるのと同様，学生サイドにおいても，大学の既存の授業スタイルへの先入観を捨てて，新しいスタイルの授業に参加するのは大なり小なりのストレスになっていると思います。また，授業方法の変革が提唱されていることの社会的背景やその基本思想を理解せず，やみくもに参加を義務づけられる現状は放置できるものではありません。教育を社会的営為としてみると，学校組織はサービスの提供者であり，学生は享受者という面があります。サービスの享受者である学生の皆さんが，そのサービスの仔細について納得のいく説明を受けないままになっているのはあまり健全な状況とは言えません。

さらに，本書を手に取ることで，学生の皆さんにはアクティブラーニング型の授業方法のみならず，そこでめざされているものにも注目していただけると執筆者たちとしては大変嬉しく思います。本書の1章に説明されているように，アクティブラーニングによる学びは，大学4年間のみを視野に入れたものではなく，むしろ，卒業後，社会人として長期にわたって充実した仕事を続けている皆さんを念頭において，そのためにいまどんな力が必要なのかという視点から構想されたものであることをぜひとも理解してください。

アクティブラーニングは教育の根本に関わる原理であって，その具体的な実施方法はきわめて多岐にわたります。講義との併用や並列から，講義形式とは異なる学生主導のグループ活動を基本にするものまで，学生の主体的な活動が一部でも計画・実施されていれば，アクティブラーニング型授業になります。本書では，特にプロジェクト学習を扱っていますが，この選択にはさまざまな要因があります。まず，プロジェクト学習がアクティブラーニングの原理を全面的に採用した，典型的な授業形式であり，アクティブラーニングの原理を理解するうえでも，具体的な実現方法を理解するうえでも最適であると考えたからです。また，多くの大学において授業タイトルはさまざまですが，初年次ないし2年次の科目として，実質はプロジェクト学習やそれと共通点の多い問題解決学習が実施されている点，とくにそれらの授業ではレポート制作や口頭発表が最終課題と課されている点も，本書執筆においては重視しました。

本書の執筆者たちは，勤務校である東京工科大学において，数年間にわたってプロジェクト学習型の授業を設計・運営してきました。本書の内容はその体験に基づいて書かれたものです。1章（稲葉竹俊）においては，まずアクティブラーニングとはなにか，どのような背景から生まれてきたものかを概説しています。また，アクティブラーニングの実施方法としてプロジェクト学習の概要を示し，その全体的な流れについて説明しています。これに続く2章（奥正廣）ではプロジェクト学習などのグループ単位での協働を伴う学習活動における基本ルールや作業の進め方やアイデアの立案・練り上げのための技法が述べられています。

3〜7章までが具体的なプロジェクト学習のプロセスを段階的かつ実践的に解説した部分であり，本書の中核部分となります。まず，3章（稲葉竹俊）では，プロジェクトでの取組みテーマをどう絞り込むかについての方法や，プロジェクト学習に適したテーマ選択のための指針が提示されています。テーマが決まったら，どのように資料を収集し，分析を行うかについてが，資料収集の方法と併せて，4章（鈴木万希枝）で述べられています。5，6章（村上康二郎）では，レポートおよびプレゼンテーション用のスライド資料をいかに作成するかについての実践的な指針が具体的に説明されています。7章（稲葉竹俊）は最終プレゼンテーションに向けての準備と発表で気をつけるべきポイントについての実践的なアドバイスが述べられています。

最後の8章（稲葉竹俊，工藤昌宏）は，入門的なプロジェクト学習の事例として，執筆者たちが運営している東京工科大学２年次学生を対象としたプロジェクト学習型授業の内容や授業の回ごとの活動について紹介しています。また，８章で紹介したプロジェクト学習授業で学生たちが適時提出しているさまざまなシートを web サイトに掲載しています。

学生の皆さんが，アクティブラーニング，とりわけプロジェクト学習活動の過程で遭遇するに違いないさまざまな困難に出会ったとき，本書を良き相談相手にそれら問題の解決にチャレンジしてくれるなら，まさにわれわれ執筆者たちとしては著者冥利に尽きるというものです。

2016年12月吉日

編　者　稲葉　竹俊

本書の使い方

本書はアクティブラーニングの授業形態中でも，最も学生がアクティブに学習を進めることが求められるプロジェクト学習に焦点をあてながら，学生の皆さんがアクティブラーニングという新しい学習のあり方への理解と親密度を深めることを意図して書かれています。プロジェクト学習の最終成果物は，本書のようにレポートやプレゼンテーションである場合だけではなく，アプリケーションや作品，さらには学内や地域でのイベントとなる場合もあると思います。しかし，これらが最終成果物である場合でも，なんらかのドキュメントを提出し，最終成果物の背景や意義さらには内容の概要を口頭で説明するステップは必ず踏まなければなりません。その意味で，本書はプロジェクト学習の基本的な構成要素に話を限定して話を進めています。したがって，実際にこの本を活用する場合は，授業の進め方や読む人の目的などの具体的な状況に合わせて，膨らませたり，縮めたりして使って頂ければ良いものであって，以下はあくまで著者からのサジェスチョン（示唆）としてお読みください。

● 本書を授業で通して使う

本書は大学 1 年次，2 年次の学生で，PBL とりわけプロジェクト学習型のアクティブラーニング授業に初めて参加する学生を対象に，アクティブラーニングという概念の理解から出発して，グループ単位の学習活動の技法を知ったあと，具体的なプロジェクト学習のプロセスを実地に体験し，最終プレゼンテーションを行うまでをステップ・バイ・ステップで進めていけるように構成されています。1〜7 章までを教科書として使うのであれば，半期（セメスター），週 1 回の 90 分授業，14〜15 回分を想定して執筆されています。

web サイトで公開されている書き込みシートは，グループ単位の学習活動の過程のなかで，おたがいの意思を確認したり，教員に作業の進捗を報告したり，ほかのグループの発表を評価したりといったさまざまな局面に合わせて利用可能なシート類です。

● 本書の一部を使う

本書の一部を利用して使うこともあるかと思います。そのような利用のケースとしては以下のようなものがあるでしょう。その場合に一読を進めたい章があります。

1） 授業や演習でレポートを書かなければならないが，テーマ設定や調査，書き方等で指針がほしいケース➡：3〜5 章の一読を勧めます。

2)　授業や演習でスライド資料を作って口頭発表を行わなければならないケース➡6章と7章の一読を勧めます。

3)　演習や実験などのグループ学習でメンバー間での協働がうまく進まないケースや面白い議論やアイデアの提案ができないケース➡2章の一読を勧めます。

4)　自分の将来のキャリアを形成するうえで，いまどんな能力を自身で培う必要があるか検討しているケース➡1章の一読を勧めます。

5)　大学の講義や演習の進め方に，ときどき疑問を感じているケース➡1章の一読を勧めます。

● 先生方へ

PBL形式の授業は，大学教育へのアクティブラーニング導入の一翼を担う形で運用されることが多いのではないかと思っています。その際，アクティブラーニングという概念自体が流通するようになってからまだ日も浅いので，その実体や背景がなんであるかについてよく掌握できないままに，PBLを運営している場合も少なくはないのではないかと危惧するものです。あくまで学生向けを想定しつつも，アクティブラーニングの概要やアクティブラーニングとPBLとの関連性，プロジェクト学習と問題解決学習との相違点，プロジェクト学習の進め方など，教員サイドからもしばしば出てくる疑問点については，できるだけ簡潔に説明しているかと思います。また，8章では三つのセメスター授業の概要とスケジュールを掲載し，webサイトに補助資料（書き込みシート）を掲載しておりますので，ご活用いただけると光栄です。

さらに，この分野での知識を深めたいという諸先生におかれましては，アクティブラーニングシリーズ（溝上慎一監修：アクティブラーニングシリーズ，1～7，東信堂（2016））などの良書が昨今多数出ておりますので，それらをご参照されることを勧めます。

● 書き込みシートの活用について

webサイトに授業で活用できるシート類のサンプルを掲載してあります。以下のURL†からダウンロードしてお使いください。

https://www.coronasha.co.jp/np/isbn/9784339078237

† 本書で紹介するURLはすべて2019年10月現在のものです。

目　　次

1章　アクティブラーニングとPBL

1.1　アクティブラーニングとは ……… 1
　1.1.1　アクティブラーニングの定義 ……… 2
　1.1.2　アクティブラーニングがなぜ注目されるようになったか ……… 5
1.2　アクティブラーニングの実施方法 ……… 11
　1.2.1　アクティブラーニングの技法 ……… 11
　1.2.2　二つのPBLの概要 ……… 11

2章　協働を生み出すグループをつくるために

2.1　なぜ「グループ」で作業を行うのか ……… 16
2.2　グループワークの流れ（プロジェクトの進め方） ……… 17
　2.2.1　PDCAサイクル ……… 18
　2.2.2　対話のプロセス ……… 19
2.3　スムーズなグループワークを行うために ……… 21
　2.3.1　メンバー同士の相互理解 ……… 21
　2.3.2　対話のルール ……… 21
　2.3.3　グループワークのルール ……… 24
2.4　グループワーク活性化のツール ……… 27

3章　どのように問題を設定するか

3.1　問題設定にあたって ……… 32
3.2　どんな問題がプロジェクト学習活動にふさわしいか ……… 33
　3.2.1　信頼性のある実証的データや関連資料 ……… 34
　3.2.2　適度な難問を設定する ……… 34
　3.2.3　問題設定におけるチェック事項と文章化 ……… 38

4章 どのように調査・分析を行うか

4.1 調査・分析の流れ …… 42
4.1.1 下 調 べ …… 43
4.1.2 資 料 収 集 …… 43
4.1.3 資料の整理と分析 …… 44
4.1.4 資料の取捨選択 …… 45
4.1.5 さらなる資料収集 …… 45
4.2 資料の種類と評価 …… 46
4.2.1 図 書 …… 46
4.2.2 インターネット上の資料 …… 47
4.2.3 資 料 の 評 価 …… 48
4.3 資料収集の方法 …… 49
4.3.1 図書館の利用 …… 49
4.3.2 インターネットでの文献検索 …… 53
4.4 資料収集に役立つ web サイト …… 56

5章 どのようにレポートを書くか

5.1 レポートとはなにか …… 59
5.2 レポートの構成・内容 …… 60
5.2.1 タ イ ト ル …… 61
5.2.2 第1章 はじめに …… 61
5.2.3 第2章 概 要 …… 62
5.2.4 第3章 問題点と議論状況 …… 62
5.2.5 第4章 解決策の提案 …… 63
5.2.6 第5章 おわりに …… 63
5.2.7 参 考 文 献 …… 64
5.3 レポートを作成する際の注意事項 …… 64
5.3.1 レポートをわかりやすくする工夫 …… 64
5.3.2 文章表現に関する注意事項 …… 64
5.3.3 レポートの準備について …… 66
5.4 参考文献の記載について …… 66
5.4.1 参考文献について …… 66
5.4.2 参考文献の記載方法 …… 67

5.5　サンプルを用いた解説 69

6章　どのようにスライド資料を作成するか

6.1　わかりやすいスライドを作成するための基本的な考え方 72
6.2　スライドの構成・流れ 73
6.2.1　スライドの構成 73
6.2.2　スライドの枚数・デザイン 73
6.3　文字・文の書き方 74
6.3.1　文字の書体と大きさ 74
6.3.2　文の書き方 75
6.4　図解の仕方 76
6.4.1　さまざまな図の形式 76
6.4.2　ボックスと矢印 77
6.5　表・グラフの作成方法 77
6.5.1　表の作成について 77
6.5.2　グラフの作成について 78
6.5.3　表・グラフに関する注意事項 79
6.6　画像・イラストの利用方法 80

7章　どのように口頭発表を行うか

7.1　プレゼンテーションの準備の流れ 81
7.1.1　読み原稿の作成 82
7.1.2　読み練習 82
7.1.3　発表練習 83
7.1.4　想定質問と回答練習 83
7.1.5　本発表 83
7.2　ほかのグループの発表を聴く 85

8章　プロジェクト学習事例

8.1　テーマ設定の方向性 86
8.1.1　テーマ領域 86

8.1.2　テーマ選択の例 ①　新聞を用いて社会問題を探すプロジェクト学習 …… 87
8.1.3　テーマ選択の例 ②　SDGs と関連付けたテーマのプロジェクト学習 …… 88
8.1.4　テーマ選択の例 ③　企業研究のプロジェクト学習 …… 90

8.2　プロジェクト学習のスケジュール案 …… 92

8.2.1　テーマ決定までの流れのイメージ …… 92
8.2.2　全体のスケジュール案 …… 94

引用・参考文献 …… 96

索　　　引 …… 98

1章　アクティブラーニングとPBL

これから皆さんは**PBL**と呼ばれる学習方法でグループ学習を始めていくわけですが，その具体的な学習の手順の詳細の説明の前に，このPBLという学習方法の概要を理解してもらいたいと思います。また，PBLの大もとにある「**アクティブラーニング**（active learning)」と呼ばれる教授・学習法への取組みが近年，日本の大学で広く採用されるようになっています。まず，このアクティブラーニングの概要やその背景などについて少し学んでいきましょう。そして，皆さんがこれから挑戦しようとしている学習の方法が大学教育のなかで持っている革新性や意義を理解することで，学習のモチベーションを高めてもらうと同時に，皆さん自身のステータスである「大学生」の学びが，大学教育のなかのみならず，社会全体のなかで，根本的な変化を求められているということを理解してください。

1.1　アクティブラーニングとは

いま，皆さんが籍を置いている大学で学習や教育の方法の見直しが急速に進んでいます。この見直しの指針となっているのがアクティブラーニングです。このアクティブラーニングは高等教育機関での導入に端を発し，いまは中学や高校での学びにも積極的に導入されるようになっています。皆さんもこの用語をどこかで読んだり，聞いたりしたことがあるかもしれませんね。各大学が毎年受験生向けに出している大学案内でも，アクティブラーニングという言葉が必ずと言っていいほど使われるようになっています。

アクティブラーニングという学習方法が最初に提唱されたのはアメリカを中心にした北米の大学でした。しかし，これが日本の大学の教育において取り組むべき重要課題として広く意識されるようになった直接の契機は，文部科学省の諮問機関である**中央教育審議会**による二つの高等教育に関する答申でした。つまり，2008年に出された**学士課程教育の構築に向けて**（以下，学士課程答申）とそれを引き継ぐ形で2012年に出された**新たな未来を築くための大学教育の質的転換に向けて**（以下，質的転換答申）です。

まず，前者においては，これまでの知識重視の従来の大学教育では，変化が激しく予想困難で，つねに知識の更新と創造が必要なこれからの時代を生き抜く人材を育むことは難しいとされ，思考力やコミュニケーション力などの社会人になったときに必要な汎用的な能力（**社会人基礎力**）を大学が育てる場になることが求められました。

後者ではこのような力を養成するための具体的な手段や方法が提案されています。

例えば，「質的転換答申」ではつぎのように述べられています。少し長くなりますが引用してみます。

> 学士課程答申は「各専攻分野を通じて培う学士力」を「参考指針」として提示した。今重要なのは
> ・知識技能を活用して複雑な事柄を理解し，答えのない問題に解を見出していくための批判的，合理的な思考力をはじめとする認知能力
> ・人間として自らの責務を果たし，他者に配慮しながらチームワークやリーダーシップを発揮して社会的責任を担いうる，倫理的，社会的の能力
> ・総合的かつ持続的な学習経験に基づく創造力と構想力
> ・想定外の困難に際して的確な判断をするための基盤となる教養，知識，経験を育むことである。これらは予想困難な時代において高等教育段階で培うことが求められる学士力の重要な要素であり，その育成は先進国や成熟社会の共通の課題となっている。

さらに，答申はこれらの課題に応えるためには，既存の大学教育の体制では不十分であり，新しい教育方法の開発が緊急の課題であると指摘しています。そして，この教育方法の刷新の切り札の一つとして提案されたのが，北米で実践されていたアクティブラーニングです。

質的転換答申ではアクティブラーニングは**能動的学修**という言葉で翻訳され，従来の知識伝達・注入を中心とした**受動的学習**と対比されています。

翻って，普段のキャンパスでの皆さんの学習をすこし振り返って考えてみてほしいと思います。授業の多くは教員主導の講義形式ではないでしょうか。その講義に皆さんはどんなスタンスで参加していますか？　やはり，聴衆として参加しているのはないでしょうか。熱心にノートをとったりする「聴衆」もいれば，居眠りしたりおしゃべりしたりする不熱心な「聴衆」もいるのでしょうけれども，そんな熱意のあるなしとは関係なく，皆さんはおおむね受動的な学習者です。「でも…実験とか演習とかでは実際に手を動かしたり，仲間と共同で課題に取り組んでいるし…」と皆さん思っていますよね。たしかにそれらは，アクティブラーニングとしての側面を持っていると思います。そろそろアクティブラーニングとはなにかをもう少し明確にしておく必要がありそうですね。次項に進みましょう。

1.1.1　アクティブラーニングの定義

アクティブラーニングを定義するのはとても難しい作業です。これを扱った論文や書物は年々増える一方で，それに伴って定義の数も増えています。本書は研究書ではないので，定

義の迷路に踏み込む必要はありません。まずは，多くの学者が必ずと言っていいくらいに参照するアメリカの学者のボンウェルとアイソンの著した論文[1),†]の定義があるのでこれを見ることにしましょう。この二人は，アクティブラーニングの主要な特徴として以下の点を挙げています。

① 学生は受動的に講義を聴く以上の活動に関わっている。
② 学生は活動（例：読む，議論する，書く）に関わっている。
③ 情報伝達よりも学生のスキルを伸ばすことが重要視される。
④ 態度と価値の探求が重要視される。
⑤ 学生の学習への動機が高まる。
⑥ 学生は即座に講師からフィードバックを受けることができる。
⑦ 学生は高次の思考（分析，綜合，評価）に関わっている。

これらの特徴を持つアクティブラーニングを大学の教育活動のなかでもう少し具体的に考えてみますと，アクティブラーニングでは，従来の教員が学生に対して一方向的に行う講義形式の専門的知識の伝達ではなく，学生自身が読む・議論する・書くなどのなんらかの能動的に活動を行うことに主眼が置かれていることがわかります。また，その際には，単なる暗記や理解ではなく，**問題を発見**したり，解決策を検討したりといった**思考**（分析，綜合，評価）が必要ですし，また，それらの活動の過程のなかでなんらかの**成果物**（アウトプット）を出すことが求められているようです。そして，そこで培われる学生の力は，単なる専門的な知識の積み上げではなく，**汎用的な能力**（**態度**），**技能**（**スキル**），さらには，**人間的成長**（**価値の探求**）であると考えられます。また，教員は知識を教え込むのではなく，学生たちの活動やアウトプットに応じる（フィードバック）役目を担います。

さらに，1.1節で触れた質的転換答申ではアクティブラーニングを以下のように定義しています。

> 教員による一方向的な講義形式とは異なり，学修者の能動的な学修への参加を取り入れた教授・学習法の総称。学修者が能動的に学修することによって，認知的，倫理的，社会能力，教養，知識，経験を含めた汎用的能力の育成を図る。発見学習，問題解決学習，体験学習，調査学習が含まれるが，教室内でのグループ・ディスカッション，ディベート，グループワーク等によっても取り入れられる。

ボンウェルとアイソンの定義と同様に，ここでも，教員が主役となる講義形式から学生が主役となる学習形式への転換がまず強調されています。続いて，やはり汎用的能力の育成が

† 肩付数字は巻末の引用・参考文献番号を表します。

主眼であることが明記されています。最後の文では，「発見学習」以下で，より具体的な学習方法が示されており，特に，グループでの活動への取組みが強調されている点を見逃さないようにしましょう。この答申では，アクティブラーニングにおける，**他者との協調**，**協働**という側面が強調されていると思われます。これは，本答申に先立って出された学士課程答申において提案された**学士力**の定義を受けてのことでしょう。

表 1.1 は学士課程答申の学士力の定義です。いま，学生の皆さんが大学で修得してほしい力として，どんなものが求められているのかについて意識的になることは重要です。さらに，自身を振り返って，自身の力の全体的な姿を知ることは，今後の学習，さらには生活における方向性を決める際に必ず役に立ってきます。

また，アクティブラーニングと関連性が特に強いのは，この学士力の定義の 2.汎用的技能と 3.態度・志向性である点も指摘しておきたいと思います。

表 1.1　学士力の定義

1. 知識・理解
専攻する特定の学問分野における基本的な知識を体系的に理解するとともに，その知識体系の意味と自己の存在を歴史・社会・自然と関連付けて理解する。 （1）多文化・異文化に関する知識の理解 （2）人類の文化，社会と自然に関する知識の理解
2. 汎用的技能
知的活動でも職業生活や社会生活でも必要な技能 （1）コミュニケーション・スキル：日本語と特定の外国語を用いて，読み，書き，聞き，話すことができる。 （2）数量的スキル：自然や社会的事象について，シンボルを活用して分析し，理解し，表現することができる。 （3）情報リテラシー：ICT を用いて，多様な情報を収集・分析して適正に判断し，モラルに則って効果的に活用することができる。 （4）論理的思考力：情報や知識を複眼的，論理的に分析し，表現できる。 （5）問題解決力：問題を発見し，解決に必要な情報を収集・分析・整理し，その問題を確実に解決できる。
3. 態度・志向性
（1）自己管理力：自らを律して行動できる。 （2）チームワーク，リーダーシップ：他者と協調・協働して行動できる。また，他者に方向性を示し，目標の実現のために動員できる。 （3）倫理観：自己の良心と社会の規範やルールに従って行動できる。 （4）市民としての社会的責任：社会の一員としての意識を持ち，義務と権利を適正に行使しつつ，社会の発展のために積極的に関与できる。 （5）生涯学習力：卒業後も自律・自立して学習できる。
4. 統合的な学習経験と創造的思考力
これまでに獲得した知識・技能・態度等を総合的に活用し，自らが立てた新たな課題にそれらを適用する能力

最後に，いままで述べたことを踏まえて，本書における私たちなりのアクティブラーニングの定義をつぎのようにまとめてみました。

Point アクティブラーニングの定義

- 教員主導の知識伝達を目的とした講義形式とは異なる，学生主導の能動的学習である。
- 学習者は読む，議論する，書く，発表するなどの活動を行う。
- 専門的知識の習得よりも，大学のみならず社会においても必要な汎用的能力の育成に主眼が置かれる。
- 学習者は活動の過程において，適時，その活動の成果物の提示を求められ，教員からのフィードバックを受けることができる。
- 学習の形態としては，グループ学習が頻繁に採用される。
- 学習課題は分析，統合，評価などの高次の思考が必要な問題発見・解決型の課題である。

1.1.2 アクティブラーニングがなぜ注目されるようになったか

アクティブラーニングは，アメリカの戦後の大学教育の在り方への危機意識と批判を背景に，その打開策として1980年代に誕生した経緯があります。日本でもやはり90年代になって，80年代のアメリカと類似した大学教育の危機意識が芽生えるようになり，アクティブラーニングが提唱されるようになります。

大学の危機打開の処方箋として考案され，開発されたアクティブラーニングは，その後，当初の予想を超えた広がりと展開を見せることになりますが，それは大学内の事情だけでは説明ができないと多くの研究者が指摘しています。つまり，21世紀に入って予想を超えた変化を見せる現代社会で必要とされるような新しい人材像や新しい能力が，しだいに具体的に描かれるようになると，大学はそのような人材や能力の育成を使命として請け負うことで社会的な役割を果たす時代になったのです。そのときに，この使命実現の具体的な教授・学習法としてアクティブラーニングへの期待が募ったわけです。

以下，これら二つの側面から，どうじてアクティブラーニングが注目されるようになったかを少し詳しく見ていくことにしましょう。

〔1〕 大学教育の危機

アメリカの大学においては，1960年代から大学の進学率が飛躍的に高まったことで，**大学の大衆化**という現象が進行しました。例えば，1960年のアメリカにおける学生数は358万人だったものが，80年には1 209万人にまで達しています。この大学の大衆化によって，それまでの大学教育では想定していなかったような多様なバックグラウンドを持つ学生が大学に入学してくることになりました。これらの学生のなかには，大学の学習への準備が不十分な学生，大学での学習がどんなものであるかを具体的にイメージできない学生，大学での学習の意味を十分に見出すことできない学生が多く含まれていて，彼らのキャンパスライフへの支援，学習支援が緊急の課題となったのです。これによって，それまで教育よりは学術研究に強く傾いていた戦後のアメリカの大学が教育へと大きく舵を切らざるをえなくなりました。例えば，その一環として，大学入学時にスムーズに大学の学習に取り組めるように行われる**導入教育**や大学での学習のために足りない知識やスキルを補うための**リメディアル教育**が行われるようになります。

また，従来の講義形式の受動的学習だけでは，多くの学生が知識や技術の修得に困難を感じていることも指摘されるようになり，従来の教育方法への反省から前項で皆さんと見てきたアクティブラーニングへの転換が求められることになったわけです。

では，私たちの住む日本の大学におけるアクティブラーニングの導入の背景はどうだったのでしょうか。

アメリカの大学入学者の急増とは同等に語ることはできないにしても，日本においても大学の大衆化，**学生の多様化**は，大学進学率の増加とともに進行していったと考えられます。**図1.1**は，日本における大学短大の進学率の推移を示したものです。50年代には，進学率は10％台だったものが，60〜70年代にかけて40％に急激に増加し，2005年には50％を超えていますね。もちろん，文部科学省の答申がしばしば指摘するように，この50％という数値自体は，世界のほかの先進国と比較して決して高いものではありません。とはいえ，こ

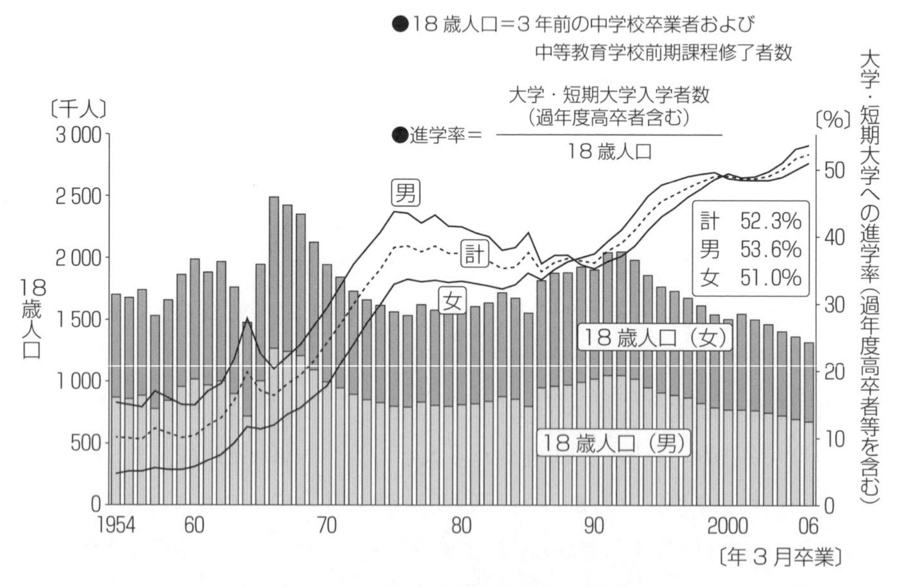

図1.1　日本の大学短大進学率の推移[2)]

の急激な進学率の増加は，アメリカでおきた大学の大衆化，学生の多様化と同様の状況を生み出すことになったことは想像に難くありません。

実際，多くの研究者が，日本の大学教育の在り方を変革しようという動きは80年代にはすでに局所的にではありますが，始まっていたと指摘しています[3)]。例えば，80年代に大学の教授法を扱った書籍が複数刊行されています。また，大学教育の改革をミッションとした学会が発足したのもこの時期です。また，90年代になると，いまではどの大学でも当たり前になった**授業評価アンケート制度**を導入する大学や**コメントシート**を授業の最後に学生に提出させるといった試みが行われるようになります。皆さんも学期の最後に授業評価アンケートの記載をしていると思いますが，それがとても斬新な時代がありました。これも，講義形式授業による知識の伝達がうまくいかなくなっているという認識，授業の改善が必要だという認識が教員サイドにあって始まったものでしょう。

その後，すでに触れた中央教育審議会による二つの答申の公開によって，アクティブラーニングは日本のすべての大学において，個々の大学のおかれた状況によってそのアプローチは異なってはいても，なんらかの形で取り組むべき課題となりました。

〔2〕 新しい人材へのニーズの高まり

〔1〕では大学教育の在り方を大学教員組織自体が自己改革する指針としてアクティブラーニングが注目された経緯を説明しました。アクティブラーニングが推進される要因としては，これは大学の内的要因と言えるものです。しかし，同時にこの教育方法の導入に大学が組織ぐるみで取り組むことになる大きな要因として外的要因，具体的には社会からの大学の強い期待と要請があったことを見逃すわけにはいきません。本章の冒頭で紹介した質的転換答申にいま一度戻ってみましょう。アクティブラーニングへの転換の必要性の根拠が述べられている箇所があります。少し長いですが，以下に引用します。

> …我が国においては，急速に進展するグローバル化，少子高齢化による人口構造の変化，エネルギーや資源，食料等の供給問題，地域間の格差の広がりなどの問題が急速に浮上しているなかで，社会の仕組みが大きく変容し，これまでの価値観が根本的に見直されつつある。このような状況は，今後長期にわたり持続するものと考えられる。このような時代に生き，社会に貢献していくには，想定外の事態に遭遇したときに，そこに存在する問題を発見し，それを解決するための道筋を見定める能力が求められる。
>
> 生涯にわたって学び続ける力，主体的に考える力を持った人材は，学生からみて受動的な教育の場では育成することができない。従来のような知識の伝達・注入を中心とした授業から，教員と学生が意思疎通を図りつつ，一緒になって切磋琢磨し，相互に刺激を与えながら知的に成長する場を創り，学生が主体的に問題を発見し解を見いだしていく能動的学修（アクティブ・ラーニング）への転換が必要である。

ここでは変化が激しく全世界的な競争が繰り広げられるグローバル社会において生涯にわたって社会貢献できる人材の育成が大学の使命であり，そのために教育方法の抜本的改革が必要であることが示されています。アクティブラーニングについて研究している溝上はこの社会的要請を「**学校から仕事・社会へのトランジション（移行）**」の問題であると述べています[3]。つまりは，大学の社会的使命はもはや学生に対して教養教育，専門教育という枠組みで学術的な教養や専門分野の特定の知識を提供するだけでは不十分で，大学を出た後，自律的に進路を決定し，必要なときはそれを再検討し，また，そのために学習を自身で行うことのできる人材の基礎を育成することが新たな使命として加わったということです。

皆さんが学んでいる大学では「**キャリアデザイン**」という科目があるでしょうか？　多数の大学でキャリアデザインという科目が必修科目として設置されるようになりましたが，これはまさにこの大学の新たな使命への取組みの一環として行われているものです。逆に言えば，皆さんが仕事・社会へと移行することの困難さが社会問題としてはっきりと意識される段階にまでなったことが，これらの動きの背景にあることも意識しておくことも必要だと思います。例えば，厚生労働省によると，平成24年3月卒業で就職した大学生が3年以内に離職してしまうケースは32.4％にまで達しています。また，同省によると，平成23年度，ニート状態の若者は全国で60万人，フリーターは176万人に達しています。これらの数値からも垣間見られる若者の就業への意欲の低下や喪失，就業後の就職先とのミスマッチング，非正規雇用に象徴される雇用形態の多様化などの厳しい環境下において，皆さんが社会人としてたくましく持続的に生き抜くことができるどうか，大人たちは固唾をのんで見守っていると言っても過言ではありません。

ただ，この答申では，21世紀の**グローバル社会**や，規格化され大量生産される商品やサービスよりも先端的な知識や斬新なアイデアが大きな価値を生む**知識基盤社会**において，どのような能力を育成すべきかついては，詳細には述べられていません。これをより具体的に示したのが，日本国内では，表1.1で説明されている学士力や経済産業省が提案する**社会人基礎力**です。また，海外で言えば，OECDの提案した**キー・コンピテンシー**や北米のATC21Sプロジェクトの**21世紀型スキル**が代表的なものとしてよく参照されます。ちなみに，ここで言うコンピテンシーとは汎用性の高い技能や能力のことと理解して大きな問題はないと思います。これらの個々について詳細に分析することはこの場ではしませんが，これらは比較検討すると共通点が多いことが見てとれます。それぞれを概観してみましょう。まず，OECDのキー・コンピテンシーを**図1.2**に示します。

他者との関係において「異質な集団で交流する」，自己のマネージメント力として「自律的に活動する」，汎用的技能として「相互作用的に道具を用いる」の三つの軸によって構成され，その中心に「思慮深さ」が配置されています。

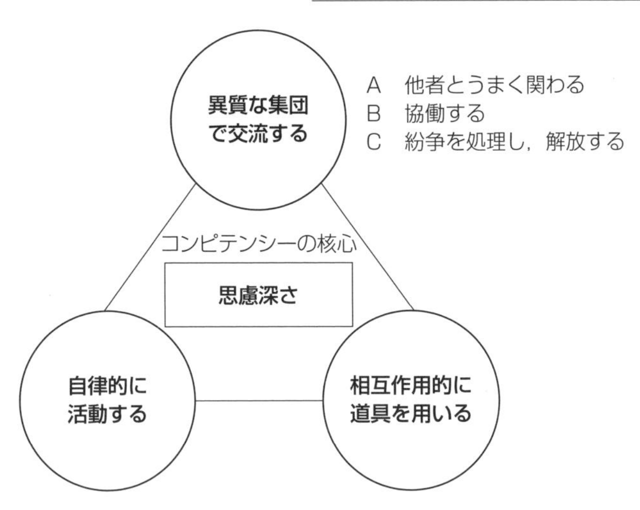

図 1.2 OECD のキー・コンピテンシー[4)]

21 世紀型スキルでは，**表 1.2** に示すような四つのカテゴリーと 10 の下位スキルの構成となっています。

Ⅱがキー・コンピテンシーの「異質な集団で交流する」に，Ⅲが「相互作用的に道具を用いる」に，Ⅳが「自律的に活動する」にほぼ対応している点，Ⅰが「思慮深さ」と一部オーバーラップしている点に注目しましょう。

表 1.2 21 世紀型スキル

カテゴリー	下位スキル
Ⅰ 思考の方法	1. 創造性とイノベーション 2. 批判的思考，問題解決，意思決定 3. 学び方の学習，メタ認知
Ⅱ 働く方法	4. コミュニケーション 5. コラボレーション（チームワーク）
Ⅲ 働くためのツール	6. 情報リテラシー 7. ICT リテラシー
Ⅳ 世界のなかで生きる	8. 地域とグローバル社会で良い市民であること（シチズンシップ） 9. 人生とキャリア発達 10. 個人の責任と社会的責任（異文化理解と異文化適応能力を含む）

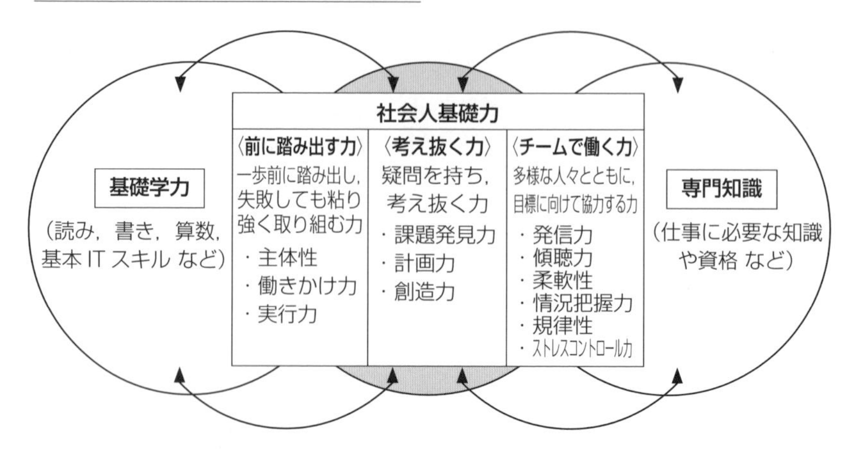

人間性，基本的な生活習慣

（思いやり，公共心，倫理観，基礎的なマナー，身の周りのことを自分でしっかりとやる など）

図 1.3　社会人基礎力[5)]

一方，経済産業省の社会人基礎力は**図 1.3** に示すように三つの力によって構成されています。

「前に踏み出す力」がキー・コンピテンシーの「自律的に活動する」に，「考え抜く力」が「思慮深さ」に，「チームで働く力」が「異質な集団で交流する」に対応している点，社会人基礎力に並行して基礎学力があり，この基礎学力は，キー・コンピテンシーの「相互作用的に道具を用いる」や 21 世紀型スキルのⅢに対応している点などに注目しましょう。

これら基本能力についての提案を比較すると，提示の仕方こそ異なっているものの，総じて共通の認識を共有していることがわかります。具体的に共通点を挙げるとすれば，この能力は個別の専門知識を超えた汎用的で一般的かつ包括的な能力として定義されている点，おおむねこの能力は基礎的なリテラシー，問題発見・解決力や創造力などの思考力，社会で他者と協調して働くことができる社会的コミュニケーション力という三つの領域からなる点，思考力と社会的コミュニケーション力に重点が置かれる論調になっている点，読み書きだけでなく ICT リテラシーや数量的スキルの重要性が強く認識されている点などを挙げることができます。

「質的転換答申」において提唱されたアクティブラーニングによって大学が養成すべき汎用的な能力の具体的な内容は以上のようなものとみなして問題ないでしょう。皆さん自身も教員や大学のスタッフのアドバイスを受けながら，仕事や社会への参加の備えを万全にするために，自分にどんな力が必要なのか，また，いま自分にはどんな力があり，欠けているのかについて十分意識的になってほしいと思います。

1.2 アクティブラーニングの実施方法

前節で概観したアクティブラーニングはあくまで抽象的な学習支援の指針であり，それを具現化する実施方法はじつにさまざまです。本節ではこれら多岐にわたる実施方法のなかで，この教科書で皆さんに提示するPBLについて少し詳しく見ることにしましょう。

1.2.1 アクティブラーニングの技法

ひと口にアクティブラーニングと言っても，溝上[3]が指摘するように，伝統的なレクチャーに部分的にアクティブラーニングの手法を活用するタイプのものからPBLやLTD (learning through discussion，話し合い学習法）のようにある学期全体でのコースとしてアクティブラーニングがデザインされたものまで，じつに多岐にわたる手法がアクティブラーニングの実践において用いられています。

学生が受動的に授業を受講する講義形式が中心で，そこにアクティブな要素を導入する際に使われる手法としては，授業の最後に学生に提出させるコメントシート，授業の最後に実施される**小テスト**や**小レポート**などがあります。これらは皆さんもほぼ全員経験済みだと思います。つぎに，講義形式の授業形態を維持しつつも，積極的かつ体系的にアクティブな要素を入れるために実施される技法として，**ディスカッション**，**プレゼンテーション**などがあります。プレゼンテーションは演習形式の授業では頻繁に行われていますし，講義内容や課題についての対面での議論やインターネット上のチャットでの議論なども昨今の大学の講義では普通の学習形態となりつつあります。最後に学生主導の調査や問題解決，共同執筆や共同での課題制作が学習活動の中心となり，教員はむしろこの活動の支援に回るタイプの最もアクティブなタイプの授業の形態があります。この形態としては，グループを形成し共同で知識の構築のための議論や共同作業を行う協調学習，つぎの項で改めて詳しく説明する二つのPBL，すなわち問題解決学習とプロジェクト学習，教えることによって学ぶ**相互教授法**，**ロールプレイ**などがあります。

1.2.2 二つのPBLの概要

PBLと言われる授業形態には**プロジェクト学習**（project-based learning, PBL）と**問題解決学習**（problem-based learning, PBL）の二つがあります。この二つのPBLは学生主導の学習活動である点，少人数のグループ活動が中心となる点，問題解決を学習目標とする点など共通点も多く，しばしば混同されがちですが，実施方法の面でも成立の歴史的経緯の面でも異なった技法として捉えるべきです。この教科書で断りなくPBLという場合は，プロジェクト学習をさすこととし，2章以降で述べられる授業の流れはプロジェクト学習の方法に基づいて設計されたものであることを忘れないようにしましょう。

〔1〕 プロジェクト学習

プロジェクト学習について概説した論文のなかでトマスはプロジェクト学習のさまざまな定義の一例として以上のような定義を紹介しています[6)]。

> プロジェクト学習とは複雑な課題や挑戦に値する問題に対して，学生がデザイン・問題解決・意志決定・情報検索を一定期間自律的に行い，リアルな制作物もしくはプレゼンテーションを目的としたプロジェクトに従事することによって学ぶ学習形態である。

また，トマスはプロジェクト学習が成立する要件として以下の五つを挙げています。

① プロジェクトがカリキュラムの中心であること：中心という意味は二つあります。一つはプロジェクトの活動が授業の方法の中核にあることです。二つめには学校のカリキュラムの正規の科目としてプロジェクトの活動が行われることです。

② 学生が取り組む問題は学問の中心概念や原理を取り扱う問題に焦点化されていること：学生が追及する問題，学習活動，学習課題は重要な知的学習目標を達成するために設計されている必要があります。

③ 学生が主体的に情報を収取し，自らの力で知識を構築する探索が行われること：プロジェクトの中心的な活動は，学生主導による新しい知識やスキルの構築にあります。既習の知識やスキルの単なる応用で簡単に解決できる問題ではなく，グループメンバーの議論や共同作業による試行錯誤の過程を経てのみ最終的に解決に至るような複雑な問題に取り組むことが必要です。

④ 学生主導であること：教員が前もって筋道をつけた活動プロセスはプロジェクトではありません。プロジェクトでは学生に主導権，決定権そして責任が委ねられます。

⑤ 実世界の問題を取り扱うこと：通常の学校の講義で出題されるような問題ではなく，現実の世界起きている真正な（authentic）問題の解決に取り組みます。

このプロジェクト学習活動の実際のやり方はその学習目標に応じてさまざまですが，おおむね**図1.4**のような流れで進行します。

図1.4の1.テーマ設定はプロジェクト学習活動で学生が主体となって問題設定をする際の前提となる領域や条件で，これは教員から学生に提案される場合が多いと思います。しかし，具体的にどの問題について調査や解決を行うかを決めるのは学生で，教員はあくまでもアドバイザー役に徹します。この問題設定に伴って，現時点での既知の情報や知識からとりあえずの仮説を立てます（2.解決すべき問題設定と仮説）。しかし，当然仮説を立証するに

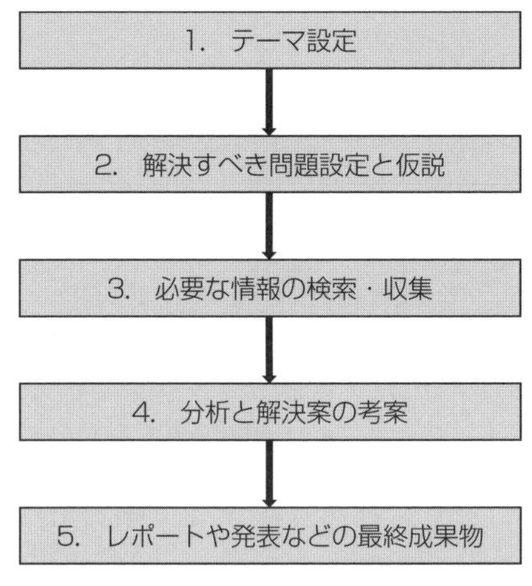

図 1.4　プロジェクト学習活動の流れ

せよ，改善するにせよ，そのために必要と思われる情報や知識をさまざまなリソースを活用して検索・収集を行わなくてはなりません。また，集めた情報や知識の有効性や信頼性を検証し，取捨選択を行う必要があります（3.必要な情報の検索・収集）。有効な情報が揃ったら，それらをさまざまな角度から分析をして，なんらかの新しい知識へと練り上げていくことになりますし，それが最終形として問題解決案ともなります（4.分析と解決案の考案）。プロジェクト学習活動では，以上の 1. ～ 4. までの学習の成果を形あるものとして最終的にまとめ上げることが必須で，例えばレポートや口頭発表がそれに当たります（5.レポートや発表などの最終成果物）。

〔2〕 問題解決学習

問題解決学習は 1960 年代後半にカナダのマクマスター大学メディカルスクールで開発された医学教育の技法であり，まず医療系の教育方法として普及したものが，他分野，とりわけ実践的な問題解決が日々求められる看護学，環境科学，教員養成などの教育現場で用いられるようになりました。

問題解決学習はメローシルバー[7]によれば**図 1.5** のようなサイクルで進むとされます。

ステップ 1：教員から学生に対して問題シナリオが課題として出されます。医学教育の場合ならば医師に対して愁訴している場面などのシナリオや映像などがそれにあたります。

ステップ 2：シナリオのなかから意味のある事実やデータを取り出します。

ステップ 3：事実やデータから仮説を立てます。例えば，考えうる病名がそれにあたります。

ステップ 4：仮説を立証するために必要な知識が欠如している場合はそれを自己主導型学習で学びます。

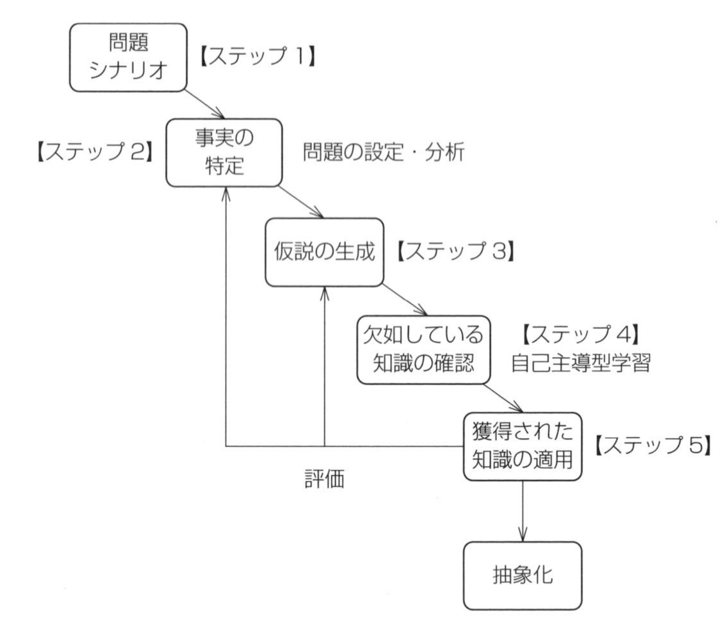

図 1.5　問題解決学習サイクル

ステップ5：新しく獲得された知識を適用して仮説が立証できるかどうかを検討し，もし問題が解決できない場合は，再度，ステップ2に戻って問題解決学習のサイクルを繰り返します。

これら二つのPBLは先ほど指摘したように類似した特徴を持っています。溝上はこれら類似点としては

① 実世界の問題解決への取組みである。
② 問題解決力を育てる。
③ 解答は一つではない。
④ 学生主導型の学習である。
⑤ 構成的アプローチである。

の5点を挙げています[8)]。5番目の「構成的」というのは，ここで学生が新たに学習する知識が自身の問題解決の営為を通して主体的に構成されるということと，その知識の構成がグループのほかのメンバーの見解や意見交換のなかで社会的に構成されるという意味です。

一方，二つのPBLの相違点としては，まず，問題解決学習では問題自体はシナリオなどの形で教員から学生に出題されるのに対して，プロジェクト学習では大枠の問題は教員から出されるにしても，具体的な解決すべき問題は学生自身が設定する点があります。また，問題解決学習の問題やシナリオは，ある特定の知識やスキルの習得とその適用力の育成にあるため，講義型授業をアクティブラーニング化することを目的に実施される場合もあるのに対

して，プロジェクト学習は特定分野の知識やスキルの習得もさることながら，むしろ情報収集・分析力，コミュニケーション力，問題発見・解決力，プレゼンテーション力などの汎用的な能力の育成をめざすものです。さらに，問題解決学習では学習サイクルの一連のプロセスを経験的に学習するなかで問題解決能力を育むことに重点が置かれていますが，プロジェクト学習では最終的な成果物（レポートや制作物）を仕上げることを目標にして活動が進行します。

本章ではアクティブラーニングとPBLおよびその背景について概説しました。このあとの2～7章では，プロジェクト学習活動の流れをステップごとに詳しく見ていくことにします。プロジェクト学習をうまく進めるのは決して簡単なことではありません。どんな問題を選ぶと良いのか，どう情報を集め，分析して成果物にまとめ上げるのか，どんなやり方で発表するのかといった技術的な難しさがあります。また，グループ内での共同作業をどう切り盛りするのか，多様なアイデアを出し合いながら，いかに意見集約に至るのかといった対人的な課題も克服していかなければならないでしょう。しかし，これらの障害物を一つ一つクリアしながら最終成果物の発表を終えたとき，皆さんは達成感，充実感を感じるとともに，自分が社会に出ても，こんなふうに仕事をやればいいんだという自信を得ているはずです。

2 章　協働を生み出すグループをつくるために

1 章を通じて，これから社会に出て行く大学生たちにどんな力を求められているのか，またその社会的な背景は把握できたと思います。本章では，その内容を受けて，なぜ「グループワーク」という形態で授業を行うのか，その根本をもう少し掘り下げて考えていきます。そして実際にグループワークを行う際の参考に，基本的な流れや作業を進めるうえで注意してほしいことなども説明します。最後に複数人で対話をする際やアイデア出しをしたり，まとめる際に使えるツールなどをいくつか紹介します。

2.1　なぜ「グループ」で作業を行うのか

このフレーズはだれもが（特にグループワークが苦手な人はなおさら）思い浮かべると思います。「グループでの作業なんて面倒くさい」，「仕事が増えるだけ」，また，調べ学習などが得意な人からは「1 人でやったほうが質も高いし早くできるのに」というような言葉が聞こえてきそうです。そのような声が上がるのはもちろん教員の側も把握しています。ですが，そのうえで，このような形態で授業を行うのには理由があります。この節では，その理由をお伝えしていきたいと思います。

まず初めに，先述したよくある声に対して答えていきたいと思います。簡潔に答えると「その面倒くさいプロセスを学んでほしいから」です。複数人で作業を行うと，そこには必ず対話や議論，**コンセンサス**（consensus）を取ること（＝合意形成）はもちろん，作業分担，スケジュール管理，授業時間外でも SNS ツールを使ったその他諸々のやりとりなどが発生してきます。ここに書かれていることだけでも「大変」と思う人もたくさんいると思います。しかし，円滑に複数人で作業をし，質の高いアウトプットを出していくためにはどれも必須事項です。面倒くさいから「やらない」のではなく，面倒くさいけど「**どうやったら効率よく進められるか」という思考**に変えていくことが大事です。

そのうえで，アウトプットをまとめる役割を担った人はメンバーがつくってくれたものを一つにまとめるという作業も発生してきます。これはグループワークでよくある 1 シーンですが，例えば，この立場の人は，発表前日の夜中になってメンバーからアウトプットが送られてきたりすると，寝る間を惜しんで作業を行わなくてはいけなくなります。ここで覚えておいてほしいのは，グループワークは完結した個々人の作業の寄せ集めではなく，**１人１人の作業の連続した先に集大成としてのアウトプットがある**ということです。このような「グループワークで陥りやすい罠」にはまらないようにするには，自分が行う作業の先に，ほかのメンバーの作業があることを理解しておくことが大切です。

ではつぎに，このような面倒くさいプロセスを学ぶのはなぜでしょうか。それは「社会に出たら１人で完結する仕事など絶対にない」からです。そのためにいまから**他者との協働作業**に慣れておく必要があるのです。

「仕事」というものは，クライアントから自社へ，上司から自分へ，または自分から同僚へ…などというように，他者からの依頼があって初めて発生します。依頼を受けたらあとは全部自分でこなすというものでもありません。「仕事」をこなすうえでは必ず他者との関わり（コミュニケーション）が発生します。例えば上司からの依頼で企画書を作成することになったとしましょう。少なくともその書類が完成したら上司に「確認」をしてもらう必要が出てきます。また仕事の重要度によっては提出する前に何度かチェックをしてもらう必要も出てくるかもしれません。また実現可能性を考えるなら関係各所へ事前に交渉をしておく必要も出てきます。さらに，これが自分１人だけでなく，複数人が関わるグループへの依頼となるとグループ内での作業分担，それに伴うやりとりなど，やらなくてはならないことは山のように増えてきます。

このように一つの「仕事」が完成するまでには，その深さに差はあれ，必ず他者とのコミュニケーションが発生します。ほかの「仕事」も同時並行で進むなかで，効率良く適切に行っていく力は一朝一夕では得られません。そのため，いまからグループワークを通して，この「他者と協働」するスキルを身に付けていくのです。

2.2　グループワークの流れ（プロジェクトの進め方）

グループで作業を行う際，注意しなくてはならないのが，作業に取り掛かる順番です。複数人で取り組む課題は，複数人で行うことを前提としてつくられているため，その量も多く，幅も広く，求められる質も高く，なかには気後れしてしまう人もいると思います。この膨大な課題に取り組むためにまず大事なのは，なんでもかんでも目についたタスクから手を付けるのではなく，少し引いた視点に立ち，**どういう順番でこなしていけば良いのか「見通し」を立てる**ことです。この作業に慣れてくると，どんな課題が課されたとしても，最初に手を付けるタスクの検討をすぐに立てられるようになり，効率的に作業を進めることができるようになります。

2.2.1　PDCA サイクル

「見通し」を立てる際に重要なのが，プロジェクトの全体的な流れを把握することです。そのために頻繁に用いられるのが「**PDCA サイクル**」（図 2.1）です。これはプロジェクトの流れを簡潔に表現するために用いられ，P は「Plan＝計画」，D は「Do＝実行」，C は「Check＝振返り」，A は「Action＝（つぎのプロジェクトの）実行」という意味を持っています。つまりプロジェクトは，まず計画を立て，それに基づいて実行，その後実行したことを振り返り，その振返りでの気づきをつぎのプロジェクトに生かす，というサイクルを経ることが大切なのです。ここではこの PDCA サイクルを回すうえで大事なことを説明していきます。

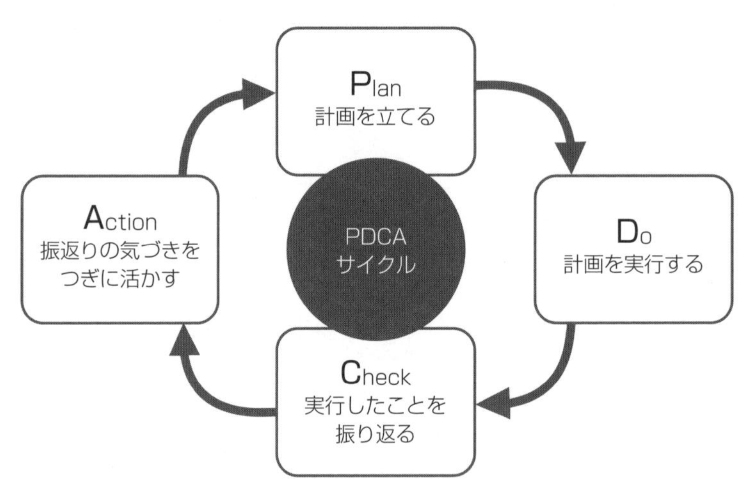

図 2.1　PDCA サイクル

〔1〕目　標　設　定

このサイクルを知らずに「Do」だけを行ってしまうグループがしばしばありますが，それは場当たり的にタスクに対応しているだけで，とても非効率です。複数人で一つのゴールを目指して協力していくためには，メンバー全員が共通となる目標を持つことが重要です。

そのためには「早く作業をしなきゃ！」という気持ちを抑え，まずは，全員でどんなゴールを目指すのか，課題であればどんな完成イメージにするのかを話し合い，共有します。その後，そのイメージを実現するためにはどんなタスクをこなさなくてはならないのかを出し合います。つぎにそれぞれのタスクにどれくらい時間がかかるのかの目処を立て，どの順番でこなしていけば良いのかを決めます。それらをメンバーの得意不得意を考慮したうえで，分担していきます。この際にそれぞれのタスクの期限を設定することも忘れないようにしましょう（その理由は 2.3.3 項で説明します）。軸となる計画や目標を全員が共有できていると，個人で作業をする際にも迷わずに進めることができます。これがプロジェクトの計画を立てる，PDCA サイクルの「P = Plan」です。後はそれをもとに実行（= Do）していきます。もちろん計画通りに行くとは限りません。臨機応変に修正をかけながらタスクをこなしていきましょう。

〔2〕 **リフレクション（振返り）**

プロジェクトがひと段落したタイミングで「C = Check」を行いましょう。プロジェクトを回す際は，この**リフレクション**（reflection）のプロセスが一番大事だといっても過言ではありません。「Check」を行わなかった場合，せっかく時間をかけて得た「経験」もなにも活かされることがありません。たとえそのグループワークがうまくいかなかったとしても，その「うまくいかなかった」という経験はとても貴重なものです。うまくいかなかったことを思い出すのは気が乗らないかもしれませんが，つぎに同じ失敗をしないためにも，しっかりと Check（振返り）を行いましょう。

その経験をしっかり見直して，なにがうまくいかなかったのか，やりづらかったのかを把握し，その対策を考えることが，つぎのグループワークにつながっていきます。その「気づき」をつぎの「Action」に活かします。もちろんうまくいったことも振り返りましょう。それを知ることによって得意なことが明確になったり，自分自身やグループの自信につながります。

2.2.2　対話のプロセス

グループワークなど他者との協働作業では物事を決めるためなど，必ず「対話」が発生します。ここで大事なのは「会話」ではなく「対話」ということです。同じもののように感じますがニュアンスが異なります。「会話」を英単語で表すと「talk」や「conversation」という単語が当てはまりますが，その意味合いは友達などとする「おしゃべり」や「雑談」というイメージです。「対話」を意味する英単語は「dialogue」です。意味は「相互理解のためのコミュニケーション」と捉えることが多いです。

思ったことをただ伝える「talk」などと違い「dialogue」は相手の考えを理解しようとするなど，他者に対する姿勢がまったく異なります。自分と違う考えだからと頭から否定せず，一旦自分の想定を保留して，相手がなぜそのような考えを持ったのかなど，相手の立場に立って考える姿勢が大切です。グループワークでは，この対話の「スタンス」を忘れないようにしましょう[1)]（グループワークにおける他者への姿勢については 2.3.2 項で詳しく述べます）。

しかし，この対話の姿勢を持ってグループでの話し合いに臨んだとしても，なにもかもがすんなり決まるわけではありません。メンバーそれぞれが異なる背景や価値観から自分の考えを発するため，他者の意見を尊重しようとすればするほど，落とし所が見つからず話し合いが終わらない…ということも発生します。

このような場合，「すんなり決めるため」，「もめるのが嫌だから」とあえて自分の意見を言わない人がいます。しかし，ここで自分の意見を伝えないと，その話し合いからでき上がるアウトプットは自分の考えがまったく反映されていないものになってしまいます。その結果グループで行われていることが自分のこととして意識できなくなってしまい，モチベーションも下がってしまいます。作業に身が入らず，ほかのメンバーから浮いてしまい，グループに貢献できないことから居づらくなってしまう。果てには授業に来なくなってしまい，評価も下がるというマイナスのスパイラルに陥ってしまいます。これは自分にとってもグループにとっても良くないことしかありません。もめることを恐れずどんどん**自分の考えを発信することが大切**です。

図 2.2 に対話の五つのプロセスを示します。このモデルが表しているように，対話は「発散」，「カオス」，「収束」というフェーズを必ず辿ります[2)]。このフェーズを辿らない場合は，全員が寸分のズレもなく同じ価値観を持っているか（そんなことはありえませんよね），だれかが自分の考えを押し殺しているかです。

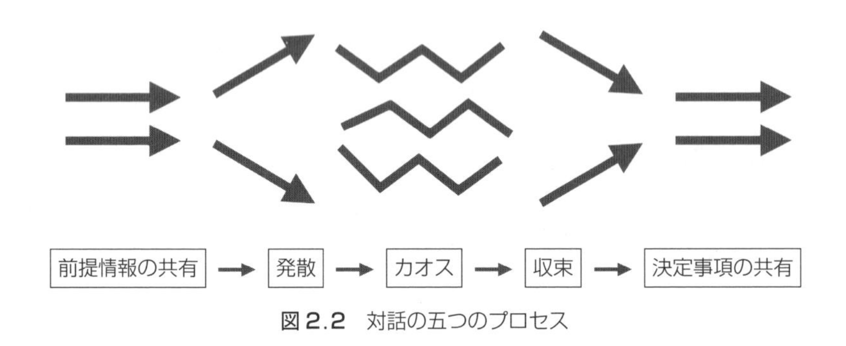

図 2.2　対話の五つのプロセス

「発散」段階はおのおのが自分の思っていることや考えを出し合うフェーズです。ここではおのおの図 2.2 が持っている，さまざまな考えが対話の場に出てきます。ある程度意見が出揃ったところで，そのなかからどの意見を採用するかの絞り込み作業に入っていきます。しかし簡単にはまとまりません。これが対話における「カオス」のフェーズです。どれだけ時間が掛かるかわかりません。数十分，数時間，数日掛かるかもしれません。なにかを生み出す際に起こるため，創造的混沌，**クリエイティブカオス**（creative chaos）とも呼ばれます。大事なのはここで諦めず対話を続けることです。必ず（良く使われる表現ですが）「雲の切れ間から一筋の光が差すように」全員が納得できる意見が現れてきます。そこからはスムーズです。この意見をきっかけに，ほつれた糸がほどけていくように話し合いはまとまっていきます。これが「収束」のフェーズです。

複数人のコンセンサスをとるのは大変ですが，このようにしてまとまった答えは，全員の思いが集約されているものとなり，その後，意見が割れることはほぼなくなります。なにかを決める際，なかなかまとまらなくても諦めず対話を続けてみましょう。

2.3 スムーズなグループワークを行うために

協働作業がスムーズに行われ，モチベーションが高く維持されているグループと，いまいち乗り切れず微妙な雰囲気が漂うグループ，あるいはその中間に位置する無難に淡々とタスクを進めるグループ。グループワークの授業を行うとおおよそこの3パターンのグループができ上がります。

この差を生み出す理由はなんでしょうか。運良く友達同士で組めたから？ 意気投合できるメンバーが揃ったから？ もちろん人同士で構成されるグループワークなので，相性は少なからずグループの雰囲気に影響を与えます。しかしそれだけではありません。作業がスムーズに行われているグループは抑えるべきところをしっかり抑えています。グループワークを円滑に行うには「コツ」があります。つぎにその「コツ」をお伝えしていきます。キーワードは「受け入れる」です。

2.3.1 メンバー同士の相互理解

社会にはさまざまなタイプの人がいます。大学やクラスも，その規模は小さくても一つの社会と呼べます。そのなかには価値観や信条，異なる背景，出身の違い，宗教観，障がいの有無など，さまざまな個性が存在します。それだけの個性があれば，時には自分と合わない人が出てくることもあります。しかし合わないといって逃げていてはグループでの作業は進みません。この合わない人とでも，どうしたら協働できるのかを考えて，行動できるようになることもグループワークを通して身に付けてほしいのです。

この際に皆さんに大事にしてもらいたいのが，「まぁ，こういう人もいるよね」，「こういう考え方もあるよね」と，良し悪しを決めるのは一旦保留して，おたがいに「理解」しあう考え方です。また，もし理解することも難しいようなら，その人がその人であることを認める（=「承認」）だけでも十分です。「**相互理解**」，「**相互承認**」というおたがいに尊重し合う姿勢を持ってグループでの作業に臨んでほしいと思います。

2.3.2 対話のルール

グループワークで必要不可欠なグループメンバーとの「対話」は，相互理解をするためのコミュニケーションである，という位置付けは先述しましたが，この対話を円滑に行うために大事な四つの要素があります。

〔1〕 ほかのメンバーの話は最後まで聞く

自分が話しているときに，それを遮って話を始められるとイラッとすることってありませんか？ 自分の話したことの意図を汲んで，話をつないでくれるならまだしも，全然違う話題になってしまうと消化不良を起こしてしまいますよね。メンバー間で可能な限りこの消化不良を起こさないようにするのが，この「ほかのメンバーの話は最後まで聞く」です。この姿勢をメンバー全員が持っていると，話す側からすると「ちゃんと聞いてくれるからしっかり自分の意見を言おう」という気持ちになります。また，話すのが苦手な人でも，メンバー全員がこのような姿勢を持っていると，「話をしても大丈夫」という気持ちを持て，安心して話をすることができます。

〔2〕 1人で話しすぎない

〔1〕で最後まで聞こうとお伝えしましたが，それぞれ授業や課題，アルバイトなど，都合をつけて集まっている状況が多いのではないでしょうか。つまり，メンバーが全員集まっ

対話のプロセスはすべて可視化しよう

学生たちのグループワークを見ていてつねづね気になるのは「メモ」を取らないということです。会議や打ち合わせといった合意形成を取る場では，決まったことを見返すためや欠席者にもどんなことが話し合われたかがわかるように「議事録」を残しておくことが一般的です。これが残っていないと一度決まったことがあやふやになり，同じことを再度話し合うことになり非効率です。限られたグループワークの時間では避けたい状況です。メモを取らない理由を聞くと，「なにを書いたらいいのかわからない」という声をよく聞きます。ここで勘違いしてはいけないのが「決まったこと」を残すのではなく，どんな意見が交わされたのか，**「対話のプロセス」を記録すること**に重点を置きましょう。結論だけの記録だと，なぜその結論に至ったのかがわからず，欠席者が納得しにくくなります。**意見が交わされた経緯と決まったこと**を記録しておくと，理解も得られやすいです。

では，この際にどうやってメモを取ると良いかですが，最初から上手にまとめようとは思わず，まずは，場に出た「キーワード」を片っ端からメモしていきましょう。その際，メンバー間での共有が目的なので，大きめの紙やホワイトボードなどに太めのペンで書いていくと良いと思います。それらをスマートフォンのカメラで写真に残すなどすれば簡易的な議事録にもなります。メモに慣れてくると発言された意見の関係性を見出し，構造化することができるようになるので，取捨選択もできるようになります。また，記録する際に，漢字がわからなくてメモが止まるシーンも見かけます。メモなので，ひらがなでも良いと思いますが，人の目が気になる人はカタカナで書くことをお勧めします。漢字がわからないというよりも時間の節約というニュアンスで受け取ってもらえます。最初から体系だったメモを取ることはできません。何度も練習することが大切です。

て話をできるという時間は，あまり長くはありません。なかには対面で集まるのが難しいのでLINEやFacebook Messenger，Skypeなどのグループ通話機能を使って話し合うということもあるかもしれません。そんななかでは，効率的に話し合いを進めていくことが大事です。言いたいこと，決めたいことなどを事前にまとめておくと効率的に話し合いを進めることができます。1人でずっと喋っている「カタリスト」にならないようにおたがいに空気を読みあって話しましょう。グループ内に話を促すファシリテータのような役割の人がいるなら，率先してメンバー全員に「言いたいことはない？」と話を促していくのも一つの手です。

〔3〕 ほかのメンバーの意見は否定しない

他者と対話をしていて意見が分かれることがあるのは日常茶飯事です。みんなそれぞれ異なる考え方や背景を持っているので，対立が起こるのは当然です。この「意見の対立」が起きた際にどういう態度をとるのかが大事になってきます。このときやってはいけないのは「頭ごなしに否定すること」です。

なにか意見を伝えた際に，「いや，その考えは違う！」などと言われてしまうと，言った側は自信を失いますし，もう二度と意見なんか言わない，といった気持ちになってしまいます。そして，そのやりとりの影響はグループ全体にまで波及します。「空気が凍る」などと言われますが，まさにその通りで，グループの話し合いの雰囲気は気まずいものになっていきます。さらに，場合によっては意見を否定した人が「権力」を持っているような錯覚に陥ってしまい，グループ内に不必要なカーストが生まれてしまいます。結果的にグループ全体の雰囲気もギクシャクしていく，というマイナスのスパイラルに陥る可能性もあるので，**他者の意見に対する第一声には十分に気をつけて**ください。

〔4〕 対話は「Yes, and」の姿勢を持つ

では，〔3〕で述べた状況を回避するにはどうしたらいいのでしょうか。そのために重要になってくるのが，この**「Yes, and」の姿勢**を持つことです。ここまで述べてきた対話の四つのルールのなかでも，最も大事なことと言っても過言ではありません。「Yes, and」とは，他者の意見を聞いた際に，自分とは異なる意見だったとしても，一度受け入れたうえで（= Yes），そのあとに自分の意見を切り返す（=and）ことです。例えば，メンバーの意見を聞いて，自分とは全然違った意見で賛成しかねることだったとしても，「いや，違うんじゃない？」とは言わず，「なるほど，そういう考えもあるね。でも，私は……って思う」といったような切り返しをすることです。この「一旦受け入れる」という姿勢を挟むだけで，雰囲気がソフトになり，言われた側も否定されたという認識をあまり抱かずにすみます。この姿勢をメンバー全員が持って話し合いに臨めると，なにを言っても受け入れてもらえるという安心感がその場に生まれ，場の雰囲気が和やかになります。理想としては，対話の際だけなくチーム内におけるメンバーそれぞれのあり方に「Yes, and」の姿勢を持てるようになると，グループとして安心・安全な場がつくられ，とても良い雰囲気でグループワークを進めていけます。

Point　対話のなかで大事にしたい四つのルール

① ほかのメンバーの話は最後まで聞く。
② 1人で話しすぎない。
③ ほかのメンバーの意見は否定しない。
④ 対話は「Yes, and」の姿勢を持つ。

2.3.3　グループワークのルール

ここからはグループで作業を進めるうえで陥りやすい事態を回避するために実践してほしいことをお伝えしていきます。これらの内容はうまくいかないグループワークを見てまとめたガイドラインです。また社会や仕事で実際にプロジェクトを行う際も応用できる内容だと思います。

〔1〕　タスクはメンバーで分担する

グループで行う作業がメンバーの一部に，もしくは1人に偏ってしまうということがあります。それは得意不得意やアウトプットの質など，さまざまな理由が考えられます。しかしグループワークで求められる結果を1人だけで対応するのは，かなり大変です。もともと**グループ単位で行う前提で課題は設定される**ので，それを一部の人や1人で対応しようと考えることがナンセンスです。そのため，作業は可能な限り分担して行うべきです。

その際，よく「全員均等」にタスクを分担しようとするグループが見られます。例えばグループレポートやプレゼンテーションスライドの分担を自分の担当する部分だけをつくり，まとめる人がそれを結合するなどです。もちろんその分担の仕方もやり方の一つではありますが，統一性などを考えると余計なタスクが増える可能性もあります。そこで，分担の軸としてメンバーおのおのの得意なことや不得意なことを軸にして考えるという手もあります。例えばスライドをつくる際に，全体の流れや構成を考える人，スライドデザインをつくる人，そこに載せるトピックをまとめる人，話す際の原稿メモをまとめる人などです。全員がつくったものを一つにまとめ，それを再度全員がチェックしてクオリティを上げていきます。

このようにするとプレゼンテーションの全体像を全員が共有できるため，なにかトラブルがあって本番で欠席者が出てしまった際も，ほかのメンバーがカバーできるようになります。この際，「得意なこと」で分担するのではなく，「不得意なこと」をやらなくて済むように分担するとモチベーションの低下を防ぐことにもつながります。

横一線でタスクを分けるのではなく得意不得意を考えて「分担」できるようになるとグループワークの負担はかなり軽減できるようになります。

〔2〕 **タスクには期限をつくる**

円滑なグループワークを行うためには，それぞれのタスクはいつまでにやるか，という期限を設けることが必須です。なぜなら，先述したようにおのおのの行ったタスクが連続して最終的なアウトプットにつながっていくため，**一つのタスクに遅れが発生するとどこかでその遅れをカバーしなくてはならなくなる**からです。するとだれかが無理なスケジュールでタスクをこなさなくてはならないなどの不具合が必ずと言っていいほど発生します。この事態を回避するためには，最終アウトプットを出す日から逆算し，どの作業をいつまでに行えば良いかを事前に全員で把握しましょう。先述のスライド作成の例を用いるなら，以下のような流れになります。

① 全体の構成を決める。

② スライドに載せるトピックを決める。

③ スライドのデザインを固める。

④ でき上がったスライド案をもとに原稿メモをつくる。

⑤ 全員でチェックを行う（プレゼン練習を行う）。

この①～⑤をいつまでに行えば，提出期限に間に合うかを逆算して決めていきます。その際にそれぞれのタスクがどれくらい期間があれば作り上げることができるのか，ほかの課題やプライベートのスケジュールなども勘案して期限を設定しましょう。

また，**設定する期限にはあらかじめ多少の余裕を持たせておくことが大事**です。なにかトラブルがあって遅れてしまうこともあるでしょうし，病気などで作業自体ができなくなってしまうことも考えられます。その際はほかのメンバーがカバーをせざるを得ません。リカバリーできる期限設定をするようにしましょう。

各タスクの連続した先にアウトプットがあり，一つに遅れが発生するとどこかにしわ寄せが必ず来るということを意識して，余裕を持った期限をつくりましょう。

〔3〕 **タスクには優先順位をつける**

プロジェクトを行うと「なにから手をつけたらいいかわからない！」という声をよく聞きます。だからと言って思いついたものからすべてに手を出してしまうと，すべてが中途半端になってしまい，良いことは一つもありません。まずは集中して一つずつ処理していきましょう。

先述した期限設定ともつながりますが，このような場合，どういう順番で行っていけばスムーズにタスクを処理できるかを考え，優先順位をつけることが大事です。そのために必要なことは，まず求められたアウトプットを出すために，どのようなタスクを行う必要があるかを洗い出すと良いです。処理しなくてはならない**タスクの全体像に見通しを立てる**と，なにから手をつけたら良いか，どのような順番で対応していけば良いのかが決まってきます。

一つの軸としては，ほかのタスクへの影響力が高いものから処理するという順位のつけ方もあります。例えばレポートを書くという場合，文章を書き出す前に，下地となる情報を集める，つぎに集めた情報を読み込む，そのうえで必要なものを取捨選択し，文章の構成を考え，実際に書き出す，というタスクが発生すると考えられます。この流れを考えた際に情報を集める作業はほかのタスクへの影響力が高いこともわかります。この影響力の高いタスクから処理するというのも一つのやり方です。ただ人によっては，まず考えていることを文章に起こすことから始める人もいるでしょうし，書いている途中で新しい情報が必要になるということも考えられます。おのおののやりやすい方法や，行ったり来たりすることもあると思いますので，自分にあったやり方を見つけられるようにしていきましょう。

〔4〕 連絡の際はだれに向けたメッセージかわかるように

現在はSNSやICTツール，クラウドサービスは他者とのコミュニケーションには欠かせない存在となっています。それはグループワークでも例外ではありません。授業時間で決まらなかったことの続きは，事前につくってあるLINEグループで決めよう，というシーンをよく見かけます。

実際，社会においても企業内やプロジェクトチームのやりとりは手軽なSNSツールを活用して行うことが一般的です。賛否両論はありますが，社会の動向として効率化を求める風潮は高まっていると感じます。それを象徴するかのようにLINEやFacebookが話し合いやグループで便利に使えるようなシステムを追加したり，Slackなどのように複数人でプロジェクトを進めるための効率的なツールがさまざまな箇所で導入されたりしてきています。

しかし，その反面，このようなツールが日常に溶け込んだがゆえに上手に使いこなせていないケースも見られます。その代表例が，SNS上で複数人に対するメッセージを投げかけてもだれからも返事をもらえないというケースです。実際にグループリーダーからはそういう嘆きとも言える相談が多く寄せられます。

普段使っているツールなのになぜこういう状況が起きるのでしょうか。それは，複数人に向けたメッセージは受けた側も責任が分散してしまい，おたがいに「だれかが答えるだろう」と思ってしまうからです。これを防ぐためには**だれ宛のメッセージかをしっかり明記することが**効果的です。先に挙げたSNSツール（LINE，Facebook Messenger，Slack）にはメンション機能（@以下に相手のユーザー名をつける）があります。このメンション機能を使うだけで，だれに宛てたメッセージかわかるため，返信率は大幅にアップします。

SNSなどの文字上でのやりとりは対面でのコミュニケーションより，その**意図を誤解されやすく，過剰に受け取られがち**です。ちょっとした否定がかなり重く受け取られてしまったりしますので，文章の表現には細心の注意を払いましょう。実際に会って話した際に，しっかりフォローすることも円滑なグループ運営をするためには大事になります。

Point　効率的に協働作業を行う四つのルール

① タスクはメンバーで分担する。
② タスクには期限をつくる。
③ タスクには優先順位をつける。
④ 連絡の際はだれに向けたメッセージかわかるように。

2.4　グループワーク活性化のツール

ここからはグループワークを効率的に行う，また合意形成を取りやすくするための簡単な手法をお伝えします。これらはグループメンバーでの作業だけでなく，グループワークを運営する側に向けたものもありますが，使いやすいものをいくつかご紹介しますので，適宜，ねらいにあったものを活用していただけたらと思います。ただ，ここに掲載したテクニックを行えばグループワークが必ず上手くいくという訳ではありません。あくまでも協働作業を促進するためのツールとして使ってください。

〔1〕 グループ決め

マグネットテーブル　　意見を出しやすい人数比率，責任の分散度合い，多数決で決めにくいという観点から，グループワークの適正サイズは4名と言われています。この人数を大幅に超えるとグループは機能しにくくなります。そのためグループワークの授業などでは，教室内の学生たちをこのくらいのサイズに分けて進めることがよくあります。

その際，重要になってくるのが「グループ分け」です。グループワーク主体の授業では，このグループ分けですべてが決まるといっていいほど，学生たちの興味関心が最も高い事項です。しかし，ここで難しいのはグループの組み方です。学生たち主導で仲良しグループを組んでしまうと緊張感がなくなってしまう可能性が高まったり，そもそも，将来を見越して不特定多数との協働を学んでいるのに，その目的を達成できなくなってしまいます。また，余ってしまった学生は寂しい思いをすることになります。教員主導でランダムに組んだ場合，上手くいったグループは良くても，上手くいかないグループはメンバーを決めた教員に責任転嫁し，グループワーク自体から離脱する可能性も高まってしまいます。

このような際，「偶発性」を持たせ，かつ「自己決定権」に委ねると最も納得度合いを高められやすいです。これらの要素を持たせたのが「マグネットテーブル」です。

① まず，その「場」の目的における，個人個人のキーワードをA4用紙などの紙に書き出します。

② つぎに，キーワードを書いた紙を見せ合いながら教室内を歩き回り，同じ興味関心を持った人同士で集まります。これがグループとなります。

例えば，社会課題の解決策を考えることを目的とした授業なら，「興味のある社会課題」，「身の回りで不便に感じていること」，「こうなったらいいのになと考えていること」などがキーワードになります。それらを紙に書いたあと，全員が教室内を歩き回り，似た興味関心を持つ人を探し出していきます。

ワークのやり方としてはこれだけですが，グループになった後に少し話してみたり，グループを組む回数，集まる人数，動き回る際は無言など，目的に沿って色々なアレンジができます。肝心なのは，運営者は場をじっくりと見て，最も安心感が出ているタイミングでワークを切り上げることです。

〔2〕 チームビルディング，アイスブレイク

ペーパータワー　グループが組めたからといって，それだけで円滑に進められるグループは多くありません。おたがいに様子を見合っていて対話や作業がなかなか盛り上がらないグループも出てきます。まずはそのような様子見の壁を取り除くことが大切です。

いくつかアイスブレイクのワークはありますが，ここでは「ペーパータワー」をご紹介します。その名前の通り紙を使ってタワーをつくるだけですが，初めて会った人たちが協働作業を行うための練習としては打ってつけです。

① 各チームA4用紙を準備する。

② ルールを共有する。

　＊ルール案（目的に合わせてアレンジしてください）：紙の枚数25枚，使えるものは紙のみ（ハサミやのり禁止），制限時間10分など

③ 制限時間内にタワーを立てる（1番高いタワーを作ったチームが優勝）。

ワークを行う際に，競争意識（一番高いチーム）や制限（何分間で）などが組み込まれるとコミュニケーションが誘発されやすいです。このワークはアイスブレイクとともに，チームビルディングの効果も生み出すことができます。また複数回やることでPDCAサイクルの練習をするなど，アレンジの仕方次第でさまざまなシーンで使うことができます。

〔3〕 アイデア出し，アイディア整理

グループで企画案などの合意形成を生み出していく際のやり方として，アイデアをその都度一つずつ検証していくのではなく，まずは出せるだけ出してから収束していくというものがあります。

ブレインストーミング（ブレスト）[3)]　この手法は，おもに対話のなかで出せる限りア

イデアを出し合う際に用います。だれかが言ったものをその都度批評するのではなく，時間を決め，まずはアイデアを出し合い，それから取捨選択をしていきます。この際，ただ思ったことを言えばいいのではなく，以下の四つのルールを大事にしてほしいと思います。

① 質より量：アイデアの良し悪しはひとまず置いておき，どんどん出そう。
② 組合せ可：自分と他者，他者と他者のアイデアを組み合わせてみよう。
③ 相乗り奨励：他者の意見に乗って，そこから新しいアイデアを考えてみよう。
④ 批判禁止：どのアイデアも貴重な意見，リスペクトを持って受け取ろう。

これらのルールのもと出たアイデアを付箋やホワイトボードなど，メンバーが共有しやすいものに書き出しておくと，その後の収束作業がスムーズになります。

ブレインライティング　この手法は，ブレストと異なり，まずアイデアを付箋上に出し合ってから共有するものです。アイデアを強制的に生み出す発想法としても活用されています。

① **図2.3**のようにアウトプットを書き出すシートを準備する。
② アイデアの源泉となるテーマを1番上の付箋Aに書き出す。
③ 2列目の付箋にAのキーワードから思いついたものを1分以内に書き出す。
④ 隣の人にシートを渡す。
⑤ 3列目の付箋にAのキーワードと付箋に書かれたアイデアから思いついたものを1分以内に書き出す。
⑥ 以降，すべての列の付箋が埋まるまで④と⑤を繰り返す。

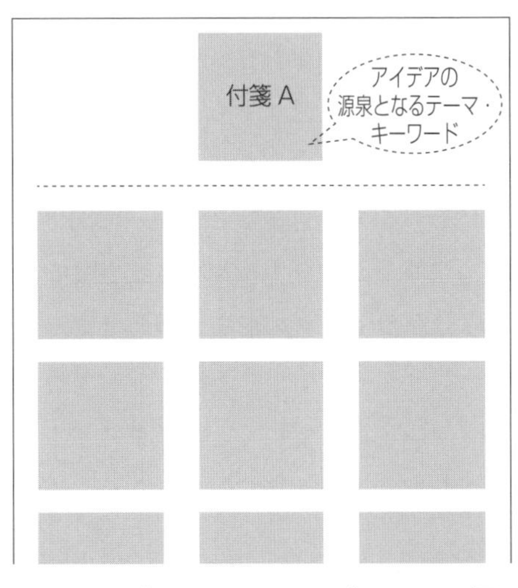

図2.3　ブレインライティングのイメージ図

シートに貼られた付箋が全部埋まったら，それらをメンバーで共有して対話を行っていくと最初のアイデア出しは数分で済みます。ここで大事なのは時間制限を設けるということです。ダラダラと考えるのではなく限られた時間内で強制的に発想することがポイントです。また，Aの付箋を二つ組み合わせたりするなどのアレンジをすることで，さまざまなアイデア出しのシーンで活用できます。

KJ法　上記2種類の手法などから生まれたアイデアはおそらく膨大なものになっているはずです。それらをただ見合っているだけでは対話は収束していきません。合意形成をしていくためには，これらを整理していく必要があります。KJ法は複数のアイデアや意見を上位概念でまとめ，体系化，構成化していく手法です。この手法を用いる際は，整理しやすくするために「付箋1枚にアイデア一つ」というようにルールを決め書き記しておきましょう。

① アイデアが書かれた付箋を似たもの同士で集める。
② ①で集められた付箋の共通事項（＝「上位概念」）を書き出す。
③ 上位概念ごとにまとめられた付箋の位置を並び替えたり，線で結ぶなどをして体系化，構成化する。

〔4〕アウトプット

ギャラリーウォーク　「発表」というと1チームずつ前に出て行うというスタイルをイメージしがちです。このやり方が一般的とは言え，グループ数が多いとそれだけ時間も掛かってしまいます。グループ数が多く，発表時間を全グループ分取れないときに打ってつけなのが，この「ギャラリーウォーク」です。ギャラリーウォークでは，壁などに全グループの発表内容をまとめたポスターを貼り，聞き手は聞きたいグループのポスターの前に集まり，聞き手が集まったグループは発表を行います。またこの発表形式は，会場全体が賑やかなことと，少人数に向けて近い距離で発表を行うという特性を持っているため，発表が苦手な人も心理的な負荷が軽減されるというメリットもあります。

前半後半の2ターン制にして，グループのなかで話し手と聞き手を入れ替えることで，全員が他グループの発表を聞きに行けたり，付箋などを使って聞いた発表にフィードバックを行うなど，短い時間であってもアレンジの仕方次第でさまざまな用途に使えます。

ドット投票[3]　このギャラリーウォークの形式に合わせて，順位をつけたい場合などは「ドット投票」を行うと便利です。シールなどを準備し1人3票というルールのうえで，発表を聞いて，良いと思ったポスターに貼っていくと，投票結果も可視化できます。ただ，この方法を取るとトップから最下位まで順位が出てしまうため，下位の順位を見せたくないというときは注意が必要です。

〔5〕 リフレクション

KPT 法　グループワークやプロジェクトがひと段落したタイミングで行う振返りですが，それまでの期間のことをただ思いつきで言っていくだけでは，話が広がってしまいなかなかまとまりません。この振返りを効率的に行うツールがこの「KPT 法フレームワーク」（**図 2.4**）です。「K」は良かった点，続けたい点（Keep），「P」は悪かった点，直したい点（Problem），「T」は改善策，つぎに取り組んでみたいこと（Try）を意味します。

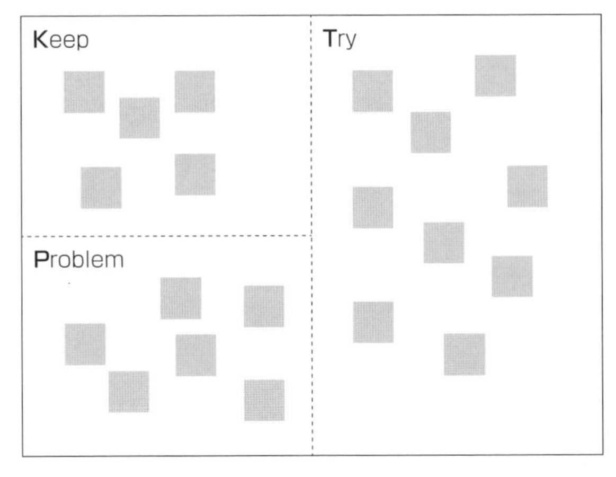

図 2.4　KPT 法フレームワーク

図 2.4 のようにホワイトボードなどにフレームを書き，Keep，Problem，Try の順番に埋めていきます。その際，付箋などを使って出し合うと，意見の集約や整理にも便利です。それぞれの意見を書き出す領域のサイズは，量によって変更して構いません。このフレームが埋まると抑えるべきポイントはほぼすべて抑えられているはずです。プロジェクトがその後も継続する場合は，つぎの振返りの際に引用して使うことで，グループの進化や変化を可視化することもできます。

これら手法は適正なタイミングで使えば，学びや気づきを深めてくれるとても便利なものですが，参加者の特性などによってはあまり機能しないこともあります。それぞれの手法の特性を踏まえたうえで使うことが大切です。また，ここで示した用途は一例になります。目的やほかの手法との組み合わせで用途は無限に増えますので，アレンジをして色々なシーンで試してみてください。

3章　どのように問題を設定するか

1章ではアクティブラーニングおよびその代表的手法である二つのPBLについて概観しました。また，2章ではプロジェクト学習活動の中核となるグループ活動を進めるにあたっての指針を提示しました。本章から，いよいよ実際にプロジェクト学習活動を進めていくことにします。本書で想定しているプロジェクト学習活動は，講師から提案された大まかなテーマに沿いながら，皆さんが少人数のグループ（3～5名程度）で取り組むべき問題を設定し，問題解決を結論として提案するレポートとプレゼンテーションを最終的な目標として活動します。本章ではまず問題設定を行ううえで考慮すべき点を説明します。

3.1　問題設定にあたって

プロジェクト学習活動の流れを改めて確認するために，1章の1.2.2項で示した活動の全体像をいま一度見ておきましょう（図**3.1**）。

1．テーマ設定は教員サイドからなされるものでしたね。本書の執筆者が所属する東京工科大学では，八王子キャンパスの3学部2年生全員が前後期異なるテーマでレポート制作と

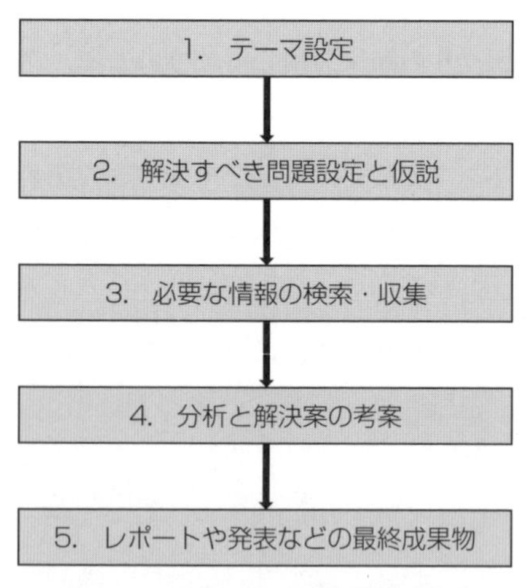

図3.1　プロジェクト学習活動の流れ
（図1.4再掲）

プレゼンテーションを最終課題とするプロジェクト学習活動を行っています。実際の授業では，8章で示したように，①具体的な社会問題を選び，それについて調査，分析を行うプロジェクト学習，②SDGsを参照したプロジェクト学習，③業界・企業研究としてのプロジェクト学習などを行っています。いずれのテーマも大まかなものであり，学生自身が具体的な問題に絞り込み，仮説を立てることが求められます。もちろん，絞込みの作業にあたって教員は必要な文献を紹介したり，問題設定が適切でないと判断した場合にはアドバイスを行います。教員の立場からすると，学生の自主的な活動のなかで，この問題設定が一番気になるステップになりますし，手を差し伸べたくなる誘惑にかられる場面なのです。この設定の作業がうまくいけば，その後のステップはよほどのことがない限り，それなりに首尾よく進んでいくことを教員は経験的に知っているからです。また，問題設定はグループ活動が始動したところでいきなりやってくるグループの試練でもあり，時間を掛けて丁寧に行うことが必要です。以下に問題設定を行ううえでの留意点を述べていきます。なお，7章までの説明では，具体的な社会問題についてのプロジェクト学習を想定して話を進めていきます。

3.2　どんな問題がプロジェクト学習活動にふさわしいか

問題を絞り込むにあたっては，グループメンバー全員が関心を持って取り組める問題であることが前提となります。問題に興味がなければ，調査・分析の煩雑な作業を行うためのモチベーションを維持することはできません。しかし，関心だけで問題を設定できるかと言われれば，答えはノーです。また，選択した問題が現代日本社会で大きな関心事ともなっている社会的問題であり，新聞の紙面などで取り上げられることも頻繁であったとしても，プロジェクト学習活動で取組むことには適していない問題も少なからずあります。

プロジェクト学習活動では解答がすぐには見つかりにくい問題を取り上げて，その解決策を探ることが求められます。皆さんが社会に出て，どんな職場に身を置こうとも，そこで日々取り組むことになるのは明確な解答のない問題です。数学や物理の問題のように解が一つあることが前提で，その解を得るためにどのような知識を活用すべきかが，前もってある程度わかっているような見通しの良好な問題は学校教育ではごく当たり前ですが，社会に出たらそのような問題は付加価値を持った課題とはみなされません。

例えば，新しい商品，新しいサービスを構築する場合を想定してみましょう。まず，アイデア段階の商品やサービスが想定するターゲットのニーズ調査や類似の商品やサービスの分析を行う必要がありますし，この分析自体についてもどんなデータを駆使し，いかなる手法で行うのかということから議論する必要があります。さらに，ニーズ調査等の分析の後は，それを踏まえて商品やサービスの設計や開発のプロセスでの試行錯誤が繰り返されることになります。これら一連の問題解決プロセスにおいては，解決策は議論や試行錯誤の末に見えてくるもので，最初から見通せるものではありません。プロジェクト学習活動の目的の一つは，そんな**実社会での問題解決**の一端を効率的に経験することです。

皆さんは2章で説明したようなグループ内での拡散的な議論を繰り返すことで，さまざまなアイデアを出し合い，これらを検討することでいくつかの問題を候補として絞り込むところまでこぎつけたかもしれません。今度はこれらの候補から一つの問題を問題解決の対象として選ばなければなりませんが，それにあたっては以下の点を検討してみてください。

3.2.1　信頼性のある実証的データや関連資料

これから皆さんが執筆していくレポートは随筆や感想文ではありません。仮説をたて，その仮説を検証するために資料やデータを収集・分析し，その結果に基づいて客観的な根拠のある問題解決策を提示することが求められます。感情的に議論を展開したり，憶測で結論を提示することは許されないのです。つまりは，事実に基づき，論理的な議論を展開する必要があります。そのためには，**過不足ないデータや資料の収集**が不可欠です。資料の検索，収集，分析は3章で詳しく見ますが，この問題設定でもある程度の資料検索や収集を行って，選択しようとしている問題について十分な資料があるかどうかを調べてもらいたいと思います。

グループの議論のなかである程度問題の絞り込みの方向性が決まったところで，一度資料やデータの検索をします。そこで問題の絞り込みができれば良いですが，それがうまくいかなければ，もう一度関心を広げて，検索の範囲を広げてみてください。この絞り込んだり広げたりの反復のなかで，やがては問題の顔かたちがはっきりと見えてくるはずです。それまでは焦らずに議論を重ね，資料の検索を粘り強く続けてみてください。この段階の検索では，辞書や事典を横断的に検索できるデータベースの**Japan Knowledge**（https://japanknowledge.com）や国内で発行された雑誌論文のデータベースの**CiNii Articles**（https://ci.nii.ac.jp）などを活用してみるのも良いでしょう。

3.2.2　適度な難問を設定する

これまでに述べたように，プロジェクト学習活動で皆さんが取組む問題は，解答が活動の開始時点において事前にすでに明らかであり，かつ，その解答に至るまでに必要な知識や手順についてもかなり明確なビジョンを持つことができるようなものではないはずです。むしろ，問題は容易に解答に到達できないような「ややこしさ」をある程度持っていたほうが良いでしょう。また，その問題自体の有りようが一見「不透明さ」なので，まずは問題自体の定義を明確にするための分析がある程度必要な問題であるほうが良いでしょう。

例を挙げてみましょう。昨今，職場や学校で頻発するハラスメント問題が注目を浴びています。この問題は現代の社会においてその成員が安心して仕事や学習に従事するためには，解決が急務な問題であることは疑う余地がありません。しかし，この問題の解決策はひと言で言えば，ハラスメントをなくすことです。この最終的解決の是非は議論の余地のないところです。このように答えがすでに議論の余地がなく事前に明らかな透明な問題というのはプロジェクト学習活動の課題にはなりにくいのです。もちろん，このように透明な問題においてもその解決に至るプロセスは多少「ややこしい」問題もあるでしょうが，それは，ややこしい計算問題を解くのと似たようなところがあるかもしれません。

これと対照的な例をもう一つ挙げてみます。原子力発電所の廃炉の問題を考えてみましょう。この問題は福島の原発事故以後のわが国のエネルギー政策の将来を考えるうえで，看過することが許されない問題です。しかし，この問題を解決するためには，原子力発電についての深い知識，代替エネルギーや再生可能エネルギーについての知識などの広範な技術的知識があることが前提となる「ややこしい」難問です。また，廃炉を推し進めるという解決策を採用したと仮定しても，そこに至る道筋は長く，さまざまな要因が多元的に関係しあっているので，解決に至る道筋は単純で直線的な一本道ではないでしょう。さらに，廃炉の是非やそのプロセスについては，相互に対立するような分析や解決策が，異なる利益や信条を背景にした人々から主張されるため，最善の解の選択にあたっては，つねに不確実性がつきまとうでしょう。しかし，生活や仕事の現場の問題とはこのような不確実性や不透明感を多かれ少なかれ帯びているものだと覚悟すべきなのです。

ここでは，この「ややこしさ」を**複雑性**，「不透明さ」を**非構造性**という言葉を用いて表し，それぞれの具体的な要因を示したいと思います。この要因を参照することで，プロジェクト活動にふさわしく，かつ皆さんの身の丈にあった**適度な難問**を選択するにあたっての一助としてください。

〔1〕 問題の複雑性

複雑性は問題のなかで学習者がすでに必要となることがわかっている知識や手順についての難易度を示すものです。必要な知識量が大きかったり，手順が細かく分岐していたりすると，問題の複雑性，難易度も増すことになります。

アメリカのPBLの研究者のJonassenは複雑性の要因として，以下の四つを挙げています[1)]。

① 必要な知識の広さ：廃炉や産業処理廃棄物への対処といった問題では，多様な技術的な関連知識のみならず，法的知識や経済的知識も必要となります。

② 問題解決に適用される概念の難易度：遺伝子組み換え食品の安全性という問題を扱う場合には，遺伝子組み換えの技術についての歴史的知識や最新の技術的知識が必要不

可欠で，それなしに安全性についての議論は成立しませんね。

③ 解決の手順の多さ・ステップの長さ：パワーハラスメント問題の解決のための方策と産業廃棄物への対処を比較すると，解決に至るまでの手順は後者のほうがずっと多いでしょう。

④ 問題解決のプロセスのなかで並行して処理を行わなければならないような相互に関係し合う知識や手続きの多さ：廃炉のプロセスを例に取ると，廃炉自体の実施と並行して，代替エネルギーによる十分な電力の供給の実現，核燃料の後処理，これらの費用面での実現可能性の検討など複数の課題を同時に検討する必要があることが明らかになります。

〔2〕 問題の非構造性

複雑性が既知の知識についての難易度に関係する概念だったのに対して，不透明性は問題のなかで未知，未解決，未定義であり，前もっての予測が難しい知識や手続きに関係する概念です。定義や解決に至る手順の予測が難しく，その問題の構造が不透明であるような問題を**非構造**（ill-structured）**問題**という用語を用いて示すことが一般的です。Jonassan は不透明性，非構造性の要因としては以下の五つの要素を挙げています[1)]。

① 不明瞭性：問題が含む概念や手続きについて知識がないとその問題は非構造となります。例えば十分なデータのない業界や企業について議論するのでは，自信を持って解決策を提案はできませんね。

② 解釈の多様性：問題やその解決策についてさまざまな視点からの異なった解釈ができる問題は不透明になります。例えば，地球温暖化と CO_2 排出の問題において，CO_2 排出をどの程度，どの国が抑制すれば良いかを考えてみますと，排出量や実現時期に限ってもさまざまな見解があって一致を見ることはきわめて困難です。また，多国間で利害の対立する政治紛争や倫理的，宗教的立場によってさまざまに見解が対立し合う妊娠中絶問題などは限りなく調整・解決の難しい問題です。

③ 学際性：ある問題が単独の学問的知識では解決できず，多様な学問領域の知識を動員する必要がある問題であるとき，その問題は不透明性を増すことになります。まず，どの領域の知識が必要であるかを前もって明瞭に認識できないときがそれで，問題の定義自身が暗中模索となりかねません。また，仮にそれらの知識が首尾よく抽出できたとしても，それらはたがいに関係し合い，相互に依存し合うような形でたがいにリンクしていると思われます。これらを漏れなく参照しながら，バランスのとれた調整を実現するのはきわめて難しい作業となるはずです。例えば，先ほども述べたように，廃炉という問題には，それに関連する技術，環境，歴史，法律，経済，倫理，地域固有の文脈などの学際的知識が必要なだけではなく，これらは相互に分かち難く関

連し合っているため，解決が難しい問題となっているのです。

④　流動性：ある種の問題は，その一要素の変化や一つの手続きの実行によって，その構造が動的に一新される場合があります。こういった問題は固定されて安定した図式では十分捉えることができません。説明をわかりやすくするため，将棋の対局を想像してみてください。将棋では，自分がある時点で打つことが可能な手は，相手がコマを動かさない限り，決定しません。また，どのような手で終局するかについても，一連の対局の経過によって流動的に変化し，最終形に落ち着くこととなります。

例えば，日本の森林政策に関する問題がそのような流動性の高い問題と考えられます。戦後の日本では，経済復興期に多量の国内産木材が必要であった関係上，雑木林を伐採し，成長の早いスギ，ヒノキなどを森林に植林する政策がとられたことで，雑木林は急激に日本全土で減少しました。しかし，ある時期から安価な輸入木材の大量輸入が始まることで，日本の森林は伐採の行われない森林として放置されたことで，成熟したスギやヒノキから大量の花粉が放出され，国民病とも言える花粉症の原因となりました。また，今後も放置が続けば，土砂災害が起きやすくなったり，二酸化炭素の吸収の機能が低下することも考えられますし，それによってさらにさまざまな問題が出てくることでしょう。このように，環境問題や経済問題には流動性の高い問題が多く解決が容易ではありません。

⑤　競合する代替案の正当性：きわめて透明な問題であれば解決策に至る道筋は一つであるのに対して，不透明な問題においてはその道筋は多数あります。このように解決策に代替案が数多くあると，一つの解決策を最善のものとして提出するときにも強い確信を持つことが難しくなります。また，その最善策を提案するに際して，ほかの解決策を評価し最善策と比較するという作業が必要となります。

皆さんが最終的に取り組むべき問題を選択するにあたっては，**図 3.2** で示すように，複雑性と非構造性がほどほどにある問題を選ぶのが得策です。しかし，過度に複雑で不透明な問題はいわば解決不可能なあまりにハードルの高い問題で，週１回の１セメスターの科目という時間的な制約のなかでの解決は難しいでしょう。

もし，問題選択に迷ったら，とりあえずは以下の点を検討してみてください。

1.　問題解決のために必要な知識や情報を十分に集めることができるか。
2.　問題解決のためには複数の分野の知識を活用したり組み合わせたりする必要があるか。
3.　問題解決に至るためには，複数のステップを踏む必要があるか。
4.　問題解決をめぐる既存の論議には相異なる意見や対立するアプローチがあるか。

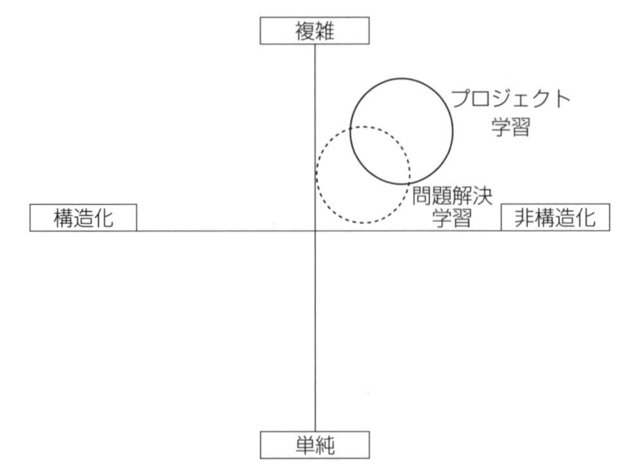

図 3.2　PBL のテーマの選択範囲

3.2.3　問題設定におけるチェック事項と文章化

いままで述べたこと踏まえて，皆さんの取り組むべき問題が以下の条件を充たしているかどうかをチェックしてみてください。

Point　問題設定におけるチェック事項

- 資料やデータが十分にあるか。
- 自分たちがある程度の事前知識を有しているか。
- 取り組むに値する面白さや挑戦性を持っているか。
- 自分たちの将来の仕事になんらかの関連性があるか。
- 多角的な視点からアプローチが可能か。
- 解決への手順が多く，必要な知識も広範で，ある程度複雑性を有しているか。
- 想定できる解決策が複数あり，ある程度非構造的であるか。

これらの視点から議論・検討を慎重に重ねた結果，最終的に取組み課題として一つの問題の選択ができたら，あとはそれをなんらかの形で**文章化**しておきます。web 上の「**テーマ案シート**」を活用するのが良いでしょう。テーマ案シートの記入例を以下に掲載しておきますので参考にしてください。

【テーマ案シート】（記入例 1）

20XX 年 XX 月 XX 日

グループ番号： 4

メンバーの学籍番号と氏名：

1.　　　　　　　　　　2.

3.　　　　　　　　　　4.

テーマ名：

日本の食品ロス対策

どういった問題を取り上げるか：

日本の食品ロスの現状の分析し，ロスを減らすような対策を提案する。

その問題を取り上げる理由（社会的背景や技術的背景など）：

日本は食品ロスが海外と比べ多い。捨てている食品を被災地に届けることができないかと考えた。

より具体的にはどのような問題があるのか（箇条書きで論点を整理）：

・食べられるが捨てられてしまうのでもったいない。

・食品が必要以上に生産されている。

・生産と処分の過程で余分な二酸化炭素を排出する。

・廃棄に余分な費用が掛かる。

予想される問題解決策（仮説）：

・フードバンクを活用する。

・食品廃棄の基準を見直す。

・捨てられる食品を別のものに加工する。

・家庭でも食べ残しをなくす工夫をする。

・生産量を見直す。

【テーマ案シート】（記入例 2）

20XX 年 XX 月 XX 日

グループ番号：　1

メンバーの学籍番号と氏名：

1.　　　　　　　　　　　　2.

3.　　　　　　　　　　　　4.

テーマ名：

地震の被災者の苦労と解決

どういった問題を取り上げるか：

熊本地震の被害者のための物資・避難所の不足と避難生活のストレス

その問題を取り上げる理由（社会的背景や技術的背景など）：

最近，地震が相次ぎ，われわれの身近に危険が潜んでいる。また，実際に震災で命が助かっても，避難生活でも苦しまなくてはならないという事実がある。そこでわれわれは避難生活に着目し，解決案を提案したい。

より具体的にはどのような問題があるのか（箇条書きで論点を整理）：

・食料や物資の不足について　⇒　例：ベビー用品の不足，避難所の不足など

・身体的ストレスについて　⇒　例：エコノミー症候群など

予想される問題解決策（仮説）：

問題解決に向けての基本方針は，以下のとおりである。

物資不足，情報不足，ストレスの一つ一つの原因を突き止めるとともに，これらの原因の背後にある根本的な原因を見つける。

【企業研究テーマ案シート】（記入例 3）

20XX 年 XX 月 XX 日

グループ番号：　4

メンバーの学籍番号と氏名：

1.　　　　　　　　　　2.

3.　　　　　　　　　　4.

テーマ名（業界名を明記）：

日本酒製造業の現状と課題

どの企業を取り上げるか（3 社）：

O 酒造，　T 酒造，　K 酒造

その業界および企業の選択理由：

O 酒造，T 酒造は地酒を守る都内の酒造であり，K 酒造も都内ではないが日本酒の歴史と伝統を受け継ぐ企業であるため。

より具体的にはどのような問題があるのか（箇条書きで論点を整理）：

・若者の酒離れ。

・ワインなどの海外からのお酒に押される日本酒。

予想される問題解決策（仮説）：

・化粧品，お菓子などへの日本酒の利用。

・身近に日本酒を感じられる日本酒試飲会などのイベント。

・海外進出。

4章　どのように調査・分析を行うか

問題設定ができたら，具体的にどのように調査をし，分析をすれば良いのでしょうか。本章ではプロジェクト学習活動を進め，レポートを書くための調査・分析の方法について具体的に説明します。ここで紹介する調査・分析の方法は，今回皆さんが取り組むプロジェクト学習だけでなく，講義で出題されるレポート課題や卒業論文の執筆の際にも役に立つものです。換言すれば，大学教育を受けるなかで必須のスキルだとも言えるでしょう。大学入学後の早い段階でこれらのスキルを習得することは，これからの皆さんの学びをより深め，社会の一員となるための着実な準備となります。

4.1　調査・分析の流れ

グループ・メンバー全員が興味を持てる問題設定ができたら，いよいよ本格的な調査と分析に入ります。設定した問題に関する資料集めは，一度集中的に行って終わりというわけにはいきません。調査をして分析，考察を進めていくと，最初に設定した問題意識が変わったり，新たな争点を見出したり，さらなる調査が必要なことが出てきます。もし，皆さんが最初に行った一通りの調査で十分だと感じるのであれば，それは問題の捉え方が表層的で本質に迫れていなかったり，あいまいで説得力の低いレポートや発表になってしまう可能性が高いのです。

調査，分析，考察を繰り返して進めていくと，最初に一生懸命集めた資料が使えなくなることはよくあることです。最初に考えた問題設定や収集した資料に囚われて，自分たちのレポート内容を改善することができず，苦労したにもかかわらず大失敗に終わってしまうグループをよく見かけます。限られた時間のなかで効率的に作業を進めたい気持ちはよくわかりますが，調査・分析の段階で問題設定自体や全体の構成を柔軟に改善し，必要に応じて調査と分析を繰り返すことは非常に大切です。良いレポートや発表にするために最も重要なことは，必要がなくなった資料を思い切って捨てることだと言っても過言ではありません。

① グループ内で議論しながら調査と分析を繰り返す。

② 必要な資料（ひいては自分たちが取り上げる問題点）を取捨選択する。

良い成果を残すためには，これら二つのことが必要不可欠です。

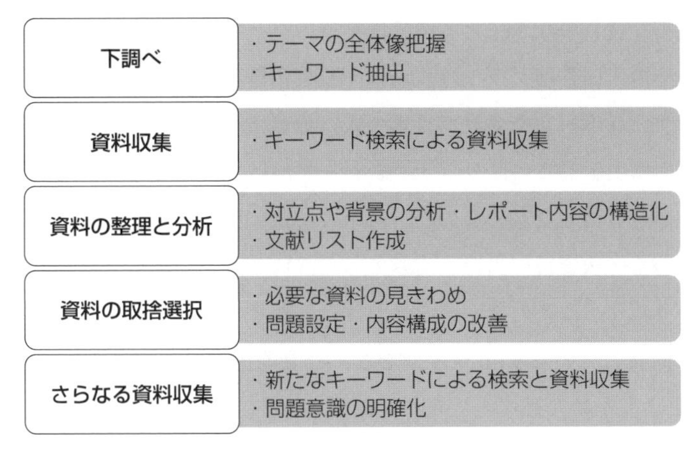

図4.1　調査・分析の流れ

それでは，実際にどのように調査と分析を進めれば良いのでしょうか。本節では，まず調査・分析の流れ（図4.1）について説明します。

4.1.1　下　調　べ

あるテーマについてほとんど知識がない状態で，いきなり深い調査をすることは難しいものです。資料が不足しているなと感じて指摘しても，「探したけど資料がありませんでした」という学生がいます。しかし，たいていの場合は，資料はあるけれどうまく探せないだけなのです。どのようにすれば，必要な資料をうまく探すことができるでしょうか。図4.1に示すように，調査・分析は資料を検索するためのキーワードを見つけ出すための**下調べ**をすることからスタートします。

問題設定ができたら，まずはその設定した問題テーマの全体像を把握するつもりで，入門書1冊，あるいはいくつかの読みやすそうな資料を速読します。最初から，すべての資料を精読しようとすると，途中でわからなくなって挫折したり，時間が掛かっていやになってしまいがちです。ですから，とりあえず下調べとして，何度も出てくる重要そうなキーワードをいくつか見つけ，ぼんやりとテーマの全体像をつかむことをめざします。

4.1.2　資　料　収　集

下調べによってキーワードをいくつか見つけることができたら，その語を用いて**キーワード検索**をし，資料を収集します。キーワード検索というとすぐにインターネット上の資料を思い浮かべがちですが，大学図書館で図書を探す際にも，適切なキーワードを知っているかで大きな差が出てきます。キーワード検索をする際，できる限り**一次資料**を収集する，最新の資料を収集することを心掛けましょう。一次資料というのは，オリジナル資料のことです。例えば，集めた資料のなかに日本の人口推移のグラフが掲載された新聞記事や雑誌記事があった場合，その人口推移グラフは総務省や厚生労働省などの調査資料を引用していることがほとんどです。レポートや発表で日本の人口推移について言及しようと思っているのであれば，総務省や厚生労働省のオリジナル資料を見つけて，そちらを参考文献とする必要があります。どこから引用したものなのか，記事のなかに出典が示されているはずなので，オリジナル，すなわち一次資料に当たってみてください。そうすれば，ほかにも関連する有用な資料が見つかったり，最新のデータを見つけられたりすることもあります。

特に，個人が開設している web サイトなど，**社会的信頼性**が高くない資料を参考にする場合は，「裏をとる」ために必ず一次資料を確認する必要があります。また，10 年前の統計データを示しても，今日の問題を説明するには説得力がありません。できるだけ新しい資料がないか，探してみる必要があるでしょう。

4.1.3　資料の整理と分析

いくつかのキーワードによって多くの資料が収集できたら，それらを読みながら内容によって資料を整理してみてください。先に説明したように，資料収集は一度で終わることはありません。資料を読み進むなかで理解できなかった箇所や疑問に思った点を書き込んだり，付箋を貼ったりすることも後で役に立ちます。資料を整理すると，レポートで書くべき内容のイメージをつくりやすくなります。そこで，資料を整理しながらレポートの暫定的な**目次**をつくることをおすすめします。章，節，項の構造をつくることで頭のなかが整理され，どの部分の資料が不足しているかがわかるだけでなく，問題意識は明確か，論理の流れがスムースであるかなど，レポートの骨格づくりに大いに貢献します。資料はやみくもにたくさん集めれば良いというものではありません。問題設定やレポート内容の構造化と結びつけて資料の整理と分析を行うことが勝利への秘訣なのです。

もう一つ，この段階で暫定的な**文献リスト**をつくってしまうことも有用です。特にインターネット上の資料は良いものを見つけても，記録をとっておかないと後で見つけられなくなってひと苦労，ということがよくあります。7 章で説明するように，レポートを書くときには参考にしたり引用した資料の情報を示す文献リストを必ずつけなければなりません。それならば，これは使えそうと思った資料は，最初から必要情報を記録しておけば良いのです。レポートを書く最後の段階で五十音順かアルファベット順に文献を並び替える必要が出てきますが，資料収集・分析の段階ではきれいに整理されている必要はありません。むしろ，レポートのどこで利用する資料なのか，なにが掲載されている資料なのか，自分たちの覚書として内容に応じた分類にしたほうが，より役に立つかもしれません。結果的に利用しなかった資料については，最後の段階でリストから削除しましょう。

ところで，資料の分析とはなにをすれば良いのでしょうか。資料をただ漫然と読むのではなく，つぎのようなことを意識して進めます。

〔1〕 歴史的経緯

すべての社会問題は，昨日今日に突然出てきたわけではありません。たいていは数十年の長い歴史的背景を持っています。そもそもなにがきっかけでその社会問題が注目されるようになったのか，その問題が注目される以前と以後ではどのような社会情勢の変化があったのかなど，時系列的な視点を導入することは問題の理解に非常に役立ちます。

〔2〕 対　立　点

例えば，「作物の遺伝子組み換え」というテーマについて調べていくと，遺伝子組み換えを推進しようとする立場の人と，それに反対する立場の人がいることがわかります。あるテーマについて対立する意見がある場合は，どのような点について対立しているのか，なぜ意見が対立しているのかについて整理をする必要があります。

〔3〕 問題解決のハードル

多くの社会問題は，その問題を解決するまでに技術的問題，法的問題，経済的問題，環境的問題，倫理的問題など，いくつものハードルが立ちはだかっています。「産業廃棄物の処理」というテーマを例に取ると，廃棄物処理の技術，産業廃棄物に関する法規制，廃棄物処理に掛かる費用など，この問題を解決するために考えるべきことが複数あります。資料の分析を進めるにあたって，設定した問題に関する複数の制約を見出し，整理することが重要です。

4.1.4 資料の取捨選択

さて，いよいよ不必要な資料を「捨てる」段階です。良い資料が手に入ると，どうしてもそれを使いたくなるものですが，自分たちの問題設定やレポート内容の構成に必要なものであるか否かを見きわめてください。資料があるから内容に組み込む，というのでは本末転倒です。資料が集まって分析を進めていくと，最初に考えていた問題設定やレポート内容の構成を改善したほうが良いことがわかってくることもあります。そういう場合は，ぜひ思い切って収集した資料を「捨て」，最初に考えた構成（＝暫定的な目次）を変更してください。資料に囚われるのではなく，自分たちの主張のために資料を利用する，という姿勢を大切にすることです。

4.1.5 さらなる資料収集

問題設定や内容構成を改善すれば，当然新たな資料収集が必要になります。良いレポートや発表のためには，「資料収集→問題設定」や「内容構成の検討→資料の取捨選択」といった流れを何度か繰り返すことになるでしょう。そして，最終的に自分たちの問題意識を明確化させ，対立点や問題解決のハードルごとに解決策を検討していきます。

4.2 資料の種類と評価

レポートをまとめるにあたって利用できる資料は，大きく分けて図書とインターネット上の情報の2種類があります。資料を厳密に分類することは困難で，目的によってさまざまな分類がありえますが，ここではレポート作成のための資料という観点から分類します。レポートを書く際には，あるテーマに対して論拠や出典を示して考察を行わなくてはなりません。そのために，利用する資料は社会的信頼性が高く，主張の根拠や証拠が明確であることが必須です。レポートでいくら良い論を展開しても，それが社会的信頼性の低い，誤った内容，片寄った内容の資料をもとに展開しているのであれば，レポートの主張はすべて根底から崩れてしまいます。例えばweb検索して上位に表示された個人のブログなど，簡単に手間なく入手できる資料を収集しがちですが，その資料はだれもが納得できる，社会的信頼性が高いものなのか，検討してみる必要があります。

レポートで利用できる「社会的信頼性が高い」資料とは，具体的にどのようなものなのか。それらの資料を収集するにはどうすれば良いのか。以下，さまざまな資料について説明した後，特にインターネット上の資料を利用する際に意識すべき注意点について述べます。

4.2.1 図　　書

図書は，その内容に出版社や発行者が責任を持つという点で，社会的信頼性が高い資料だと言えます。また，インターネット上の資料が断片的な情報であることが多いのに対して，図書はまとまった情報が得られる傾向があります。資料収集にあたっては，収集の手間が少ないインターネット上にある資料だけで済ませがちですが，図書は良いレポートや発表のためには不可欠な資料です。大学や地域の図書館を利用すれば無料で閲覧，貸し出しが受けられますので，積極的に利用しましょう。

〔1〕 書　　籍

書籍には，特定テーマについてまとまった知識が得られるという大きな利点があります。書籍のなかでも新書などは分量も限られていて，専門的な内容というよりは一般読者向け，初学者向けであることが多いので，下調べの段階で速読するのに適しています。

1冊の書籍を通読するだけでなく，何冊かの書籍をパラパラとめくってみるだけでも重要な情報が得られます。図書館や書店では同じ領域やテーマの書籍が近くに並べられていますから，それらのいくつかを手に取って目次を見比べてみましょう。いくつかの重要なキーワードや，歴史的経緯，対立点などについてヒントが得られるはずです。

〔2〕 **参考図書（年鑑，白書，統計資料，事典など）**

参考図書は，用語の意味や統計データなど，あるテーマに関する基礎的な情報を収集するために利用できます。官公庁が発行している白書や統計資料の多くはインターネット上でも公開されていて，無料で利用できます。

〔3〕 **定期刊行物（論文，新聞，雑誌など）**

定期刊行物は，文字通り定期的に継続して発行されるものです。そのため書籍と比べると新しい情報を入手できる可能性が高くなります。後述するように大学図書館からインターネットを通じて無料で利用できるものも多いので，ぜひ利用してみましょう。

4.2.2 インターネット上の資料

インターネット上には，日本政府が公式に発表した情報も，一個人が発信した情報，真偽が定かでない情報もあり，検索をするとそれらは同列に並べられます。そのため，インターネットを利用して資料収集を行う場合は，利用する情報源をある程度限定する必要があります。大学のレポート作成のために利用できる，社会的信頼性の高い情報が得られる**web サイト**として以下のものがあります。

〔1〕 **政府官公庁の web サイト**

総務省統計局のほか，厚生労働省，経済産業省，環境省など政府官公庁の web サイトには，統計情報をはじめ豊富な資料が掲載されています。例えば，TPP 問題であれば経済産業省や内閣官房の web サイトなど，自分たちのテーマに関連が深い官公庁の web サイトを積極的に調べてみましょう。

〔2〕 **企業や団体の web サイト**

企業や団体など，組織の社会的責任が明確なものは利用できると考えて良いでしょう。例えば日本のエネルギー政策や原発問題をテーマに選んだ場合，電力会社の web サイトは一つの重要な資料となります。また，生命倫理や臓器移植をテーマに選んだ場合は，日本臓器移植ネットワークの web サイト，TPP 問題であれば全国農業協同組合中央会などの web サイトは欠かせない情報源となるでしょう。企業や団体の主張と政府や地方自治体の方針が対立していたり，企業間，団体間で見解が異なる場合も少なくありません。自分たちのテーマに関係する多様な意見を知り，理解するためにも，主要な関連企業，関連団体の web サイトを複数閲覧してみてください。

〔3〕 **新聞社など報道機関の web サイト**

新聞社，テレビ局，通信社など報道機関の web サイトには，あるテーマに関わる社会的出来事の記事や解説があります。これらの記事や解説は，情報収集のプロである報道機関の記者が取材をし，根拠に基づいて書いたものであるうえ，報道機関という組織による情報のチェックが働いているため，信頼性は高いと言えます。そうした記事に登場する研究機関や専門家を手掛かりとして，さらなる資料収集の糸口が見つけられる場合も少なくありません。また，過去から現在までの記事や解説を検索することで，テーマに関する社会的出来事の時系列的資料が得られるという利点があります。

ただし，新聞社やテレビ局の報道内容は必ずしも中立的なものではありません。レポートの資料として利用する場合は，複数の報道機関の記事を比較してみる必要があるでしょう。

〔4〕 大学など研究機関の web サイト

大学をはじめ，各種研究機関やシンクタンクの web サイトには，その研究機関が実施している最新の研究成果や政策提言などについての情報があります。

〔5〕 専門家（研究者やジャーナリストなど）が開設した web サイト

大学などの研究機関に所属する研究者やジャーナリストのなかには，個人で web サイトを開設して情報発信している人もいます。個人が発信している情報をレポート資料として利用できるか否かの判断は非常に難しいですが，図書の著者や報道のなかで繰返し登場するキーパーソンであれば，ある程度社会的信頼性が保証されていると考えても良いでしょう。

4.2.3 資料の評価

特にインターネット上の資料を利用する場合は，その情報がレポートに利用できるものであるか否か，評価をする必要があります。前述したように，利用する資料は社会的信頼性が高く，主張の根拠や証拠が明確であることが必須ですが，具体的にそれをどのように見きわめたら良いのでしょうか。注意するポイントを以下に挙げますので，インターネット上の資料はもちろん，図書を利用する際にもこれらを意識して資料収集してください。

Wikipedia は資料として利用できるか

レポートの巻末に付された文献リストに「Wikipedia」という文字を見つけることが少なくありません。Wikipedia はインターネット上のフリー百科事典であり，多くの項目について簡単に調べることができるために，多くの学生が便利に利用しているようです。しかし，ここまでテキストを読み進めてきた皆さんであれば，Wikipedia に掲載されている情報を資料として利用することには問題があることにお気づきだと思います。出典が示されていない場合が多い，内容が偏っていたり不完全である，などの指摘が多くなされています。そしてなにより Wikipedia はその情報の発信が匿名でなされ，責任の所在が不明確です。自分たちのテーマについて資料収集を始めた初期の段階で参考程度に利用することにとどめ，大学の課題のための資料として直接利用することはできないと考えたほうが良いでしょう。

〔1〕 **著者はだれか**

インターネット上の資料は，だれがその情報の発信者か明確ではないものもあります。発信された情報の責任の所在が不明確なものは，資料として利用すべきではありません。資料収集の際には，web サイトの運営者やその記事の著者を必ず確認しましょう。

〔2〕 **出典が明示されているか**

信頼できる資料であれば，必ず著者の意見や独自の根拠を示す部分と，他者の意見や統計データなどの根拠を引用した部分は明確に区別しているはずです。**出典**情報が示されているかを確認してください。もし，引用なのに自分の意見のように書かれていたり，出典が明示されていない場合，その資料は利用すべきではありません。

〔3〕 **いつ発信された情報か**

図書であれば，奥付に出版年月日や版が明記されていますが，インターネット上の資料はいつ書かれたものなのか，内容に改訂があったのかがはっきり示されていない場合も少なくありません。ですから，古い情報でも気づきにくかったり，新しい情報と古い情報が混在していたりします。まずは web サイトの**更新日時**や資料の**掲載日時**を確認してみましょう。

しかし，更新日時が明示されていなかったり，示されていたとしても，利用したい資料が掲載されたページの発信日時はわからないことがよくあります。そのような場合は，ほかの web サイトや図書資料と内容を比較してみるなど，確認作業をすることが必要です。

4.3 資料収集の方法

適切な資料収集の方法を知っているか否かで，プロジェクト学習活動の結果は大きく異なってきます。やる気はあっても，上手に資料収集できなかったために古い資料や偏った資料しか利用できなかったり，そもそも資料数が圧倒的に不足しているグループが少なくありません。先述したように，質の高いレポート作成や発表のためには，社会的信頼性の高い資料，すなわち図書を上手に探す必要があります。大学生が図書資料を収集するのに最も役立つのは，なんと言っても大学図書館です。大学図書館は多くの図書を所蔵しているだけでなく，さまざまなデータベースを用意しています。図書館へ足を運ぶのは面倒だと思っている人も，まずは大学図書館の web サイトへアクセスしてみることから始めてみましょう。

4.3.1 図書館の利用

最近では，図書館同士やさまざまな資料の電子サービスの連携が進み，学習や研究活動のために非常に多くの情報を簡単に検索したり，利用することができるようになってきました。それぞれの大学図書館でどのようなサービスが提供されているのか調べてみましょう。

例えば東京工科大学図書館[1]では，Discovery Service と呼ばれる検索システムを導入しています。有料／無料，日本語／外国語，紙媒体／電子媒体にかかわらず，書籍，雑誌，新聞記事など多様な学術情報をまとめて検索できる†ので，大学図書館で利用できる複数のデータベースで繰り返し検索をする必要がなくなります。大学図書館でどのようなデータベースが用意されているのかよく知らない，どんなデータベースを利用するのが適切なのかよくわからない，という大学図書館初心者には非常に心強いツールだとも言えます。

また，Google や Yahoo! などの検索エンジンと比較して，大学図書館が提供している検索サービスを利用することには大きなメリットがあります。Discovery Service を例に具体的に説明しましょう[2]。大学図書館の検索サービスを利用する最大のメリットは，検索できる情報量が桁違いに多いということです。Google や Yahoo! などの検索エンジンでは表層 web と呼ばれる無料の情報しか検索できないのに対し，図書館検索サービスでは大学が契約しているデータベースや電子ジャーナルなどを含む深層 web の情報まで検索することができます。深層 web の情報量は，表層 web の 500 倍とも言われています。

また，大学図書館の検索サービスは学術情報が検索対象なので，レポート等に利用することが可能な社会的信頼性の高い情報を取得できる点も大きなメリットです。後述するように，Google などの検索エンジンでは社会的信頼性が低い情報，出典が明確ではない情報も検索結果の上位に表示される可能性があり，レポート作成等に利用できるか自分自身で情報を精査する必要があります。情報の精査には知識や経験が要求されますし，時間や手間も掛かります。「自動的に」社会的信頼性の高い情報が得られる利点は大きいのではないでしょうか。

大学図書館をはじめとした図書館には，こうした横断的な検索システム以外にもさまざまなサービスが準備されています。さまざまな検索システムやデータベースについて，利用目的や資料の種類と結びつけて大まかに理解しておきましょう。

〔1〕 大学図書館の検索サービス（Discovery Service など）を利用する

「産業廃棄物」「食品ロス」など，大まかに決まったテーマでどんな資料があるのか，とりあえず検索してみよう，という場合には，複数のデータベースを横断的に検索できる検索サービスを使うことから始めてみましょう。検索結果の数が何千件，何万件と多すぎる場合には，出版時期やフルテキストがあるか否か，出版物タイプなどで検索結果を絞り込むことができます。

Discovery Service の場合，検索結果として示された図書が大学図書館のどの書架にあるのか，大学近隣の公共図書館ではどこに所蔵されているのかなど，利用者に便利な情報を

† CiNiiBooks や日経テレコン 21 など，検索対象外のデータベースもあります。詳細は大学図書館ホームページで確認してください。

入手することができます。また，「フルテキスト（オンライン）」で検索結果を絞り込めば，全文情報をその場で入手できるものだけが表示されます。

〔2〕 大学図書館の蔵書目録（OPAC）を利用して，大学所蔵の図書を探す

大学図書館の web サイトには，**OPAC**（online public access catalog）と呼ばれる蔵書の検索システムがあります。書籍だけでなく，白書などの参考図書や定期刊行物もキーワード検索することができます。図書のタイトルや著者名などがある程度わかっている場合には，OPAC を利用した蔵書検索を利用するのが良いでしょう。

一般的に「**詳細検索**」を利用して，キーワードのほかに「資料の種類」や「タイトル」，「編著者名」，「出版年」などを検索条件として増やすことができます。検索結果にこれはと思う資料があったら，クリックして詳しい情報を見てみましょう。その資料の詳しい書誌情報のほか，図書館のどの書架にあるか，請求記号はなにかなどを知ることができます。

〔3〕 大学図書館のデータベースを利用する

大学図書館の web サイトからは，その大学の蔵書だけではなく，論文，雑誌，新聞などさまざまな資料を探すことができるデータベースが利用可能です。検索するだけでなく，本文まで閲覧できるものもあります。どのようなデータベースが利用できるのか，大学図書館の web サイトを一度じっくり見てみましょう。

① 雑誌記事を探す：例えば，東京工科大学図書館からは日経 BP 記事検索サービスが利用できます。これは日経 BP 社が発行する「日経ビジネス」や「日経マネー」などの雑誌記事，企業や官公庁，地方自治体の発表するリリースなどを検索，閲覧できるサービスです。

② 新聞記事を探す：また，新聞記事を検索，閲覧できるデータベースもあります。ヨミダス歴史館（読売新聞），聞蔵Ⅱビジュアル（朝日新聞），毎索（毎日新聞），日経テレコン 21（日本経済新聞）などが代表的です。大学図書館から利用できる新聞記事データベースを確認してみてください。

以下，日経テレコン 21 を例に，実際の新聞記事検索について説明していきます。まず，トップページから「過去記事を調べる」を選択すると，日経各紙の記事をキーワード検索できます。ためしに「産業廃棄物」でキーワード検索を実施すると，100 件以上の記事がヒットしました（**図 4.2**）。すると，「次の言葉を加えてもう 1 度検索する」という吹き出しが現れて，「産業廃棄物処理」，「処分場」，さらにはいくつかの企業名をキーワード候補として自動的に提示してくれます。検索の結果示される記事数が多すぎると，一つ一つ読むには手間や時間が掛かりすぎて，レポート作成のために役立つ資料の収集・分析作業が進みません。そこで，キーワードを増やして記事を絞り込むように提案されているわけです。実際に，提案された言葉のなかからいくつか選んでキーワードに追加，再検索をしてみたとこ

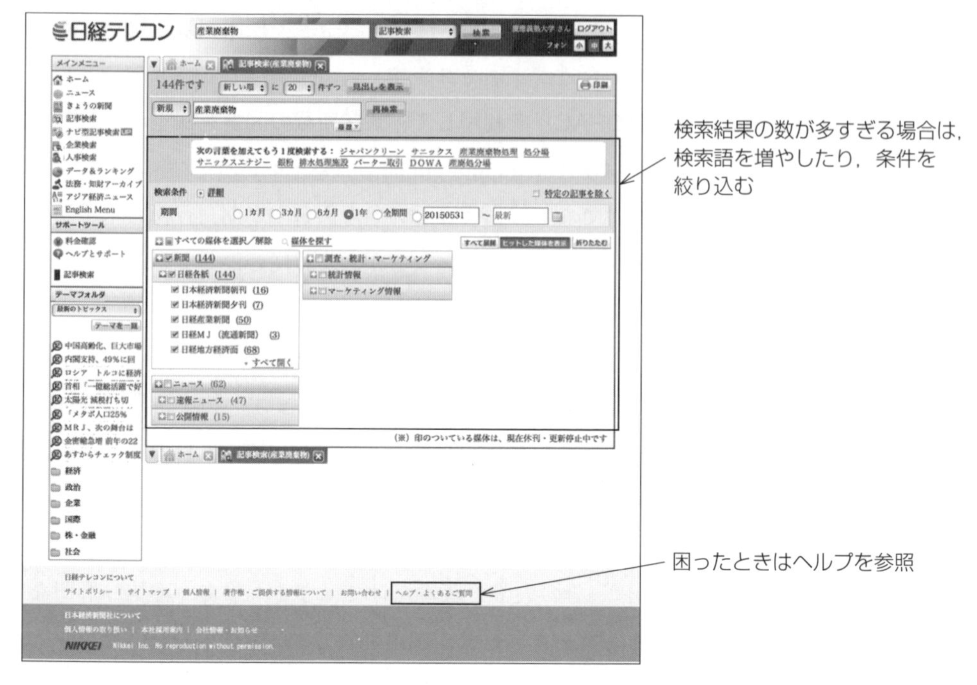

図4.2　日経テレコン21 検索画面

ろ，今度はごく少数の記事に絞られました。そこで，それらの記事を実際に読んでみると，「管理型」や「安定型」の処分場というものがあるということがわかり，さらなる資料収集へとつながっていきます。

ほかにも，検索結果が多すぎる場合には，記事が掲載された期間，新聞の種類，見出し，本文などの検索範囲，掲載ページなどの条件を追加することができます。また，検索方式として「すべての語を含む」,「いずれかの語を含む」,「自然文検索」から選択できます。**自然文検索**とは，思いついた文章をそのまま検索に利用できるもので，例えば「産業廃棄物の処分場に関する問題」で自然文検索してみると，7件の記事が見つかりました。

日経テレコンの最下部にある「ヘルプ・よくある質問」をクリックして「日経テレコンサポート」のページへ行き，「テレコン検索術」のタブを選択してみてください。さまざまな検索テクニックが詳しく説明されています。うまく資料収集が進まない場合は，ぜひ読んでみてください。ほかのデータベースにも，たいてい検索方法に関するFAQやヘルプページがあります。これらの実践的なテクニックは，これから紹介するほかの多くの文献検索でも役立ちます。

③　学術雑誌の論文を探す：総合電子ジャーナルプラットフォームJ-STAGEは2 000近くの学術雑誌や研究報告書等を検索することができます。ためしに「産業廃棄物」と

いうキーワードで検索してみると9 000件以上がヒットしました。これでは多すぎて手がつけられません。そこで，蔵書検索や新聞記事検索のときと同様に「詳細検索」を利用します。資料種類を「ジャーナル」，記述言語を「日本語」，発行年を「2010～2019年」と条件を追加すると，検索結果は20件程度まで減少しました。

学術雑誌に掲載されている論文は専門的な内容で，すべて理解するのは少し難しいかもしれません。しかし，テーマによっては非常に役立つ情報を提供してくれることもあるので，一度はチャレンジしてみる価値があるでしょう。

〔4〕 国立国会図書館や公共図書館，他大学の図書館を利用する

大学図書館だけでなく，国立国会図書館や地域の公立図書館を利用するという方法もあります。国立国会図書館には日本で刊行されたすべての出版物が納められていますから，テーマに関する資料が日本で出版されているかどうかを確認することができます。

国立国会図書館の蔵書検索，利用可能なデジタルコンテンツの検索はNDL-OPAC（https://ndlopac.ndl.go.jp）で行えます。デジタルコンテンツのなかにはインターネット公開されていて，自宅のPCなどから本文が読めるものもあります。

また，利用登録（無料）をすれば，国会図書館を訪れなくても複写を申し込んで郵送してもらうなどのサービスを受けられます。ただし，複写料金が高く，送料も掛かるので，実際は検索した資料を大学図書館や近隣の図書館で借りたほうが良いかもしれません。その場合は，国立国会図書館サーチ（https://iss.ndl.go.jp）を利用すると便利です。検索した資料がどこの公共図書館にあるのか，どの大学の図書館にあるのか探しやすい仕組みになっています。

4.3.2 インターネットでの文献検索

図書は社会的信頼性が高く，網羅的な情報を得ることができる優れた資料で，すべての学生に積極的に利用してもらいたいものです。しかし，加えて，有用な資料はオンライン上にも豊富にあります。これらもぜひ利用したいものです。ただし，レポート作成や実りあるプロジェクト学習活動には向かない資料も，インターネット上には多くあることを思い出してください。オンライン資料を収集するためには，玉石混交の資料から「使える」資料を探し出さなければなりません。以下，検索エンジンを利用する際の工夫や役立つデータベースをいくつか紹介します。

〔1〕 検索エンジンを利用する

GoogleやYahoo!などの**検索エンジン**を利用して資料収集をするというのは，学生の皆さんにとって最も馴染みのある方法ではないでしょうか。しかし，必ずしも効率良く資料収集できていないように思います。その理由の一つは，適切なキーワード検索ができていないからです。例えば，ためしに Google で「産業廃棄物」と検索してみると，なんと 8 500 万件以上の検索結果が表示されました。多くの人は，これらの検索結果のうち，上位 10 件か，せいぜい 20 件くらいの資料を眺めて「良い資料がない」と諦めてしまいます。そこで，ここではもう少し効率良く資料収集するためのコツをいくつか挙げてみます [3)]。

① ドメイン検索：**表 4.1** に示したように，**ドメイン名**によってその web サイトの運営機関の特性がわかります。レポート作成のための資料収集では，社会的信頼性の高い資料を見つけることが重要でした。そこで，検索窓に「検索語　ドメイン名」を入力するか，あるいは検索ページ上部の「設定」から「検索オプション」を選び，「サイトまたはドメイン」にドメイン名を入力して「詳細検索」をします。ドメイン名を利用して，日本の政府機関や研究機関などが運営する web サイトに掲載された資料を見つけやすくするわけです。例えば「産業廃棄物　.go.jp　.ac.jp」で検索してみると，検索結果上位に表示される資料が「産業廃棄物」だけで検索する場合とまったく異なり，環境省や国立環境研究所，大学が提供するものなどになります。

表 4.1　日本の代表的なドメイン

ドメイン名	web サイトの運営機関
.ac.jp	大学などの学術研究機関
.co.jp	日本国内で登記を行っている会社
.go.jp	日本の政府機関や各省庁管轄の研究所など
.or.jp	財団法人，社団法人などの法人組織

② 文書（pdf）検索：政府や自治体が作成した資料や研究者が研究機関や個人の解説した web サイトに掲載している論文は，pdf ファイルであることが多いようです。

拡張子を用いて，文書（pdf ファイル）を検索するためには，検索窓に「検索語　filetype:pdf」と入力します。ちなみに，「検索語　filetype:xlsx」で検索すると，Excel ファイルの資料，すなわち一覧表やデータなどが見つけやすくなり，「検索語　filetype:pptx」で検索すると PowerPoint のスライド資料が見つけやすくなるなど，思わぬ良い資料に出会う確率が高まります。文書検索も検索オプションの「ファイル形式」を選択して詳細検索する方法もあります。

③ 限定検索：特定の検索語と完全に一致するものだけを検索するには，検索語をダブルクォーテーションマーク（“　”）で囲みます。例えば，「日本の産業廃棄物処理」で検索とすると「日本産業廃棄物処理振興センター」や「日本産業廃棄物処理株式会社」が検索結果の上位にいくつも表示されますが，「“日本の産業廃棄物処理”」とすると，諸外国と比較した日本の産業廃棄物処理に関する内容が上位に表示されるようになります。

〔2〕 CiNiiを利用する

CiNii（サイニィ）は国立情報学研究所（NII）が運営するデータベースで，日本で出版された雑誌論文を探すCiNii Articlesと，日本の大学図書館の本を探すCiNii Booksと，日本の博士論文を探すCiNii Dissertationsがあります。ここでは，CiNii Articles（https://ci.nii.ac.jp）について詳しく説明します。

まず，「フリーワード」欄に検索語を入れて検索すると，参考文献を除く論文名，著者名，妙録など論文情報全体を対象にキーワード検索できます。この際，検索する対象を「すべて」，「CiNiiに本文あり」，「CiNiiに本文あり・連携サービスへのリンクあり」から選択することができます。「CiNiiに本文あり」というのは，文字通りCiNii上に論文本文まであって閲覧できる資料という意味です。ただし，すべての人が無料で閲覧できる「オープンアクセス」と，定額機関に所属する人だけが無料で閲覧できる「定額アクセス可能」，そして有料で購入できる「有料」の資料があります。

〔3〕 Webcat Plusを利用する

Webcat Plus（http://webcatplus.nii.ac.jp）[4] はCiNiiと同じく国立情報学研究所が運営しているデータベースで，図書資料を探すときに非常に役に立ちます。比較的最近に出版された図書については検索結果に書影が示されるなど，オンライン書店のように図書資料に対するイメージがわきやすく，楽しく資料収集が進められるのも良い点です。しかし，このデータベースの一番の特徴は，なんと言っても「連想検索」ができることです。**連想検索**とは，「文書と文書の言葉の重なり具合をもとに，ある文書（検索条件）に近い文書（検索結果）を探し出す検索技術です。平たく言えば，使われている言葉の集まりを手掛かりにした仲間探しです。あなたが選んだ言葉の集まりを頼りに，1 000万冊以上の膨大な本のなかから，あなたの関心に近い本を探す」（http://webcatplus.nii.ac.jp/faq_001.html#pid001）ものです。思いついた疑問をそのまま利用して検索をスタートできます。

例えば，「日本の産業廃棄物で問題となっているものは何か」という頭に浮かんだ文章をそのまま入力し，検索してみます。検索結果は**図4.3**のようになりました。検索結果の上位には「誰でもわかる」，「図解」，「ハンドブック」などがタイトルに含まれた，そのテーマに詳しくない人にも理解しやすそうなものが並びました。それぞれの図書のタイトルをクリックすると，書誌情報はもちろん，目次情報も閲覧することができ，資料を選択するのに大変役立ちます。また，検索結果をもっと絞り込みたいのであれば，ほかのデータベースと同様に検索語や文章を追加します。最初の検索結果ページの右側には，検索文章から推測された絞り込みのための追加検索語の候補を豊富に提示してくれますので，まだなにも知識がなくても，さまざまアプローチで資料収集作業を進めることが可能です。また，出版年として「2010年以降」などのキーワードを検索に含めれば，最近の資料だけを検索することも

「日本の産業廃棄物で問題となっているものは何か」という文章から検索をスタートできる。

連想結果の数が多すぎる場合は，どのような語で絞り込めば良いのか，「連想ワード」の候補を豊富に提示してくれる。

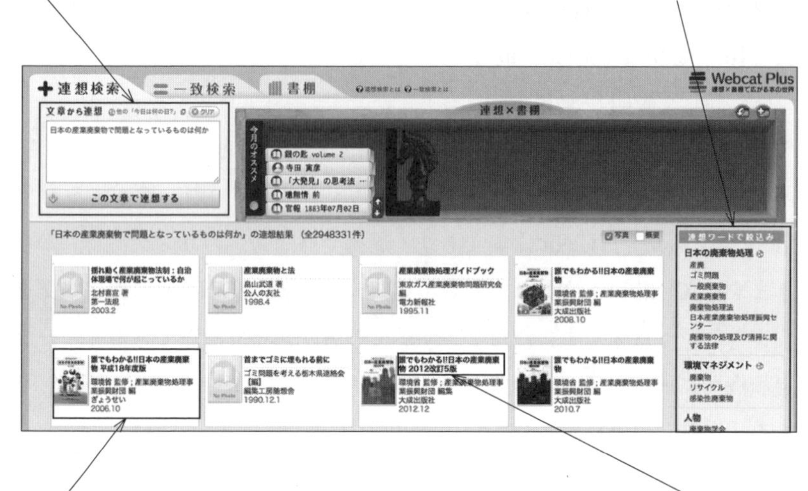

検索結果は書誌情報だけでなく，書影を表示することができる。

タイトルをクリックすると詳細な書誌情報や目次情報を閲覧できる。CiNii Books や国立国会図書館サーチ へのリンクもあり，所蔵図書館が探しやすい仕組みになっている。

図 4.3　Webcat Plus 連想検索の検索結果 4)

簡単にできます。目次情報や連想ワード候補自体が，問題へのアプローチ方法の大きなヒントになることも強調しておきたいと思います。

Webcat Plus では，ほかのデータベースと同様にキーワード検索をする「一致検索」も用意されています。「産業廃棄物」というキーワードで検索してみると，前述した「連想検索」とはまったく異なる結果が得られますので試してみてください。「連想検索」が下調べの段階で非常に役立つのに対して，「一致検索」は問題意識が明確化し，対立点や問題の背景に関わる資料をピンポイントで探すときに便利です。

4.4　資料収集に役立つ web サイト

最後に，いままで紹介したものも含めて，資料収集に役立つ web サイト（注：一部有料。大学図書館で契約していれば無料で利用できるものもあります）をまとめておきます。これらを積極的に活用して，効率良く，的確に資料収集と分析を進めてください。

〈統計資料〉

・総務省統計局：国勢調査，人口推計などさまざまな統計データが入手できる。日本の統計の中核機関。

https://www.stat.go.jp
・内閣府：内閣府が実施している世論調査や白書・報告書のデータが提供されている。
https://www.cao.go.jp
・政府統計の総合窓口（e-Stat）：日本の統計が閲覧できる政府統計ポータルサイト。
https://www.e-stat.go.jp
・なるほど統計学園高等部：総務省統計局が統計リテラシー向上のために提供している学習サイト。高校生向けではあるが，わかりやすく，大学生のレポート作成にも十分役立つ。
https://www.stat.go.jp/naruhodo/
・地域経済分析システムRESAS（リーサス）：経済産業省と内閣官房が地方創生支援のために提供している情報サイト。産業の強み，人口動態などを地図やグラフでビジュアル化して提供。
https://resas.go.jp

〈新聞〉
・読売新聞（YOMIURI ONLINE）：有料データベースとして「ヨミダス歴史館」がある。
https://www.yomiuri.co.jp
・朝日新聞（朝日新聞デジタル）：有料データベースとして「聞蔵Ⅱビジュアル」がある。
https://www.asahi.com
・毎日新聞：有料データベースとして「毎索」がある。
https://mainichi.jp
・日本経済新聞：有料データベースとして「日経テレコン21」がある。
https://www.nikkei.com
・日本新聞協会：メディアリンクから日本新聞協会に加盟する日本全国の新聞社，通信社，放送社のホームページに行くことができる。テーマによっては地方紙の新聞記事の検索が役立つこともある。
https://www.pressnet.or.jp

〈雑誌〉
・DIAMOND online：ダイヤモンド社の有料データベースとして「ダイヤモンドD-VISON NET」がある。
https://diamond.jp
・東洋経済ONLINE：東洋経済新報社の有料データベースとして「東洋経済デジタルコンテンツライブラリー」がある。「会社四季報」などの企業情報も検索できる。
https://toyokeizai.net
・日経ビジネス電子版：日経BP社の有料データベースとして「日経BP記事検索サービス」がある。
https://business.nikkei.com

〈辞書・辞典〉
・JapanKnowledge Lib：65以上の辞事典，叢書，雑誌が検索できる国内最大級の辞書・事典サイト（有料）。さまざまな基礎的用語，人名などを調べることができる。
https://japanknowledge.com/library/

〈学術データベース〉
・学会名鑑：日本学術会議，日本学術協力財団，科学技術振興機構が連携して運営するデータベース。各分野の学会ホームページへのリンク集。

https://gakkai.jst.go.jp/gakkai/

・国立国会図書館：日本国内で出版されたすべての出版物が納入され，検索，複写サービス（有料，登録が必要）などが提供されている。

https://www.ndl.go.jp

・国立情報学研究所一般利用者向けサービス：CiNii のほか，科学研究費助成事業データベース KAKEN などが提供されている。

https://www.nii.ac.jp/service/

〈その他〉

・国会会議録検索システム

http://kokkai.ndl.go.jp

5章　どのようにレポートを書くか

本章では，レポートの書き方を説明します。本書のこれまでの章において，すでにテーマないし問題を設定し，調査・分析を行ったわけですが，設定したテーマ・問題について，調査・分析した結果を文章の形でまとめ，さらに自分たちの意見・主張を述べるのがレポートになります。最終的には，このレポートをもとに，発表のためのスライド資料などを作成することになりますので，発表の成否も，このレポートの出来不出来に左右されることになります。

以下では，レポートの定義，レポートの構成・内容，レポートを作成する際の注意事項，参考文献の記載方法を説明したうえで，最後に，サンプルを用いた解説を行うことにします。

5.1　レポートとはなにか

レポートと言っても，会社で作成するレポートなどさまざまなものがありますが，ここでは大学の授業で作成するレポートを対象にすることにします。

レポートとはなにかということですが，レポートの定義の仕方，捉え方は人によって異なるところがあります。特に，レポートを論文の一種と捉えるのか[1)]，論文とは異なるものと捉えるのかについては[2)]，考え方が分かれています。しかし，ここではそのような対立には深入りしないことにします。やはり，レポートも，基本的な要件は論文と同じであり，特定の問題に対して，調査・分析した結果をまとめ，そのうえで，その問題に対する自らの解決策を提案・主張するものであると言えるでしょう。たしかに，学術論文で要求されるような本格的な独創性は，レポートには要求されません。研究者が執筆する学術論文や大学院生などが執筆する学位論文では，これまでだれも主張していないようなオリジナリティのある主張・提案をすることが求められますが，それと同じことを学部生が執筆するレポートに要求するのは無理なところがあります。しかし，それも程度問題であり，レポートであっても，ある程度の独創性が期待されているものと考えられます。

また，レポートにおいて重要なことは，レポートは，小・中学校で執筆するような感想文とは異なるということです。感想文とレポートの違いは，一言で言えば，前者が**主観的**なものであるのに対し，後者が**客観的**なものであるということです[3)]。感想文は，自分が体験したことや自分が読んだ本の内容などについて，個人的な意見や感想を書いたものであり，主観的なものであると言えます。自分が思ったことをそのまま綴れば良いので，改めて，なにか資料を調査する必要はありません。それに対して，レポートは，客観的なものである必要があります。つまり，客観的な資料・根拠に基づいて，客観的に議論を展開する必要があるということです。

5.2 レポートの構成・内容

それでは，具体的に，レポートについて，どのような順番でどのような内容を書いていけば良いのかを見ていくことにしましょう。

レポートの構成については，かつては「起・承・転・結」の形が推奨されることがありました[4)]。これは，漢詩の絶句の構成に由来するものであり，文学的表現に用いられるもので

〇〇についての考察

年　月　日
グループ番号
学籍番号　　氏　名
学籍番号　　氏　名
学籍番号　　氏　名
学籍番号　　氏　名

1. はじめに
テーマの設定，問題の提示，研究・調査方法，レポートの構想

2. 〇〇についての概要
基本的な概念や制度の説明，歴史的経緯・背景

3. 〇〇についての問題点と議論状況
問題点，従来の議論状況，従来の議論に関する検討・考察

4. 〇〇についての解決策の提案
具体的な解決策の提案

5. おわりに
まとめ，残された課題，今後の展望

〔参考文献〕
(1)
(2)
(3)

図 5.1　レポートの構成のサンプル

すが，レポートには適していないと言われています。そのため，レポートの構成については，現在では，一般的には「**序論・本論・結論**」の形が推奨されるようになっています。本書は，この「序論・本論・結論」の形を基礎としつつ，これをさらに詳しくした5章構成を採用することにします。**図5.1**がそれですが，ここで，第1章が序論に相当し，第2章と第3章が本論に相当し，第4章と第5章が結論に相当します。以下では，タイトルの書き方やそれぞれの章において，どのようなことを記述していくのかについて説明します。

5.2.1 タ イ ト ル

レポートには，まず，タイトルを記載する必要があります。図5.1には，「○○についての考察」とありますが，これはあくまで例に過ぎませんので，つねにこのような表現になるとは限りません。どのような表現になるのかは，場合によって変わってきます。

タイトルにおいて重要なことは，そのタイトルを見れば，そのレポートがどのような**テーマ・問題**を取り上げるのか，そして，そのテーマ・問題について，どのような**問題意識**または**スタンス**から議論を展開しようとするのかが推測できるようなものにするということです。例えば，原子力発電の問題を取り上げるのに，単に「原発問題について」のようなタイトルでは不十分です。原発については，安全性の問題，核廃棄物処理の問題，再稼働の問題，廃炉の問題などさまざまな問題があるので，それを絞り込む必要があります。また，原発については，肯定的な立場に立つのか，否定的な立場に立つのかによって議論の展開が大きく変わりますので，どのような立場に立つのかということがタイトルに反映されていることが望ましいです。

なお，このようにさまざまな要素を盛り込んでいくと，場合によっては，タイトルが長くなりすぎることがあるかもしれません。そのような場合は，タイトルを**主題**（メインタイトル）と**副題**（サブタイトル）に分けることが有効です。例えば，上述の原発問題を例にすると，「原発再稼働に対する批判的考察　—安全性と核廃棄物処理の問題を中心として—」というようなタイトルが考えられます。

5.2.2 第1章 はじめに

第1章では，まず，どのような**テーマ**または**問題**を取り上げるのかということを，具体的に書く必要があります。それから，そのテーマ・問題を取り上げる理由を書きます。ここで注意してほしいのは，問題設定の理由については，主観的にではなく客観的に書く必要があるということです。学生が書いたレポートを見ていると，よく「○○に興味を持ったので」というような書き方をしているものがありますが，このように個人的に興味を持ったからというような主観的な理由ではいけません。現在の日本において，その課題が客観的に見て論ずる価値があるものであるということを述べる必要があります。すなわち，その課題が日本において喫緊の課題になっているか，または一般的には理解されていないが，じつは深刻な，あるいはこれから深刻になるであろう課題である必要があります。

また，その問題に対して，どのような**研究・調査方法**によってアプローチするのかということを書きます。方法としては，文献調査，アンケート調査，インタビュー調査，実験，観察などさまざまなものがあり得るので，それらのうちのどれを採用するのかということです。もっとも，分野によっては文献調査になることが自明な場合もありますが，そのような場合は，どのような文献・資料を用いるのかといったことを書くことになります。

そして，第1章の最後の部分には，第2章以下において，どのような順序で議論を展開していくのか，そして最終的にどのような結論をめざすのかという**レポートの構想**を書くことを推奨します。これによって，読み手はスムーズに読み進めることができるようになります。

5.2.3　第2章　概　要

第2章については，図5.1では，「○○についての概要」というタイトルになっていますが，これ以外の表現でも構いません。第2章では，その問題を論ずる際に前提として必要となる基礎的な知識を記述します。そのテーマ・問題に関係する**基本的な概念や制度の説明**，これまでの**歴史的経緯**や**背景**，現在の状況などです。

例えば，「ゴミの不法投棄」がテーマであれば，廃棄物の種類（産業廃棄物，一般廃棄物），不法投棄が行われる場所などを書きます。あるいは，「介護ロボット」がテーマであれば，介護ロボットの定義，介護ロボットの種類，介護ロボットのメリット・デメリットなどを書くことになります。

5.2.4　第3章　問題点と議論状況

第3章では，まず，そのテーマについて，どのようなことが問題になっているのかを詳しく，具体的に書きます。前述したように，第1章でも，問題の所在は書きますが，ここでは第1章で挙げた問題点をもっと詳しく記述する必要があります。

また，その問題に関する**従来の議論状況**や，**従来の解決策**などを書きます。どのような問題でも，ゼロから自分の頭で考えて解決策を提案するというのは困難です。現在のわが国で問題となっているような事柄であれば，これまでになんらかの議論や取組みがなされているはずですので，そういった先人の業績，検討を踏まえたうえで，議論を展開する必要があります。

従来の議論としては，学者などの**専門家の見解**，**政府の立場**，**マスコミの論調**など，さまざまなものが考えられます。あるいは，テーマや問題によっては，複数の見解，主張が対立するような性質のものではないということもあり得ますが，そのような場合は，従来の解決策としてどのような取組みがなされてきているかということを書くことになります。

そして，これらを踏まえたうえで，従来の議論や解決策に関する検討や考察を行います。従来の議論や解決策で十分に問題が解決してしまうのであれば，それ以上の議論は必要ないということになってしまいますので，これまでの議論や解決策では不十分であるということを指摘する必要があります。

5.2.5 第4章 解決策の提案

第4章では，その問題に対する従来の議論や解決策の限界を踏まえたうえで，自分（自分たち）の**解決策を提案**します。できるだけ独創性のある主張をすることが望まれますが，学部生のレベルでは，これまでまったく主張されていないような新しい独創性のある主張をするのは難しいところがあるかもしれません。その場合は，従来の議論や解決策をベースにしつつ，それを一歩か二歩進めたような解決策を提案するという方向性も考えられるところです。逆に，あまりに斬新で奇抜な提案をしようとすると，今度は現実的な実現性が乏しくなることもあるので，注意が必要です。

また，自分（自分たち）の主張や解決策の提案については，十分な**理由づけ**を行う必要があります。単に結論だけ書いたのではまったく説得力がありませんので，理由づけや根拠づけを詳しく丁寧に行うということが重要になります。これによって，そのレポートの出来不出来が左右されるといっても過言ではありません。

場合によって，自分（自分たち）の見解とは異なる**他者の見解**を批判することによって，自らの見解の優位性を示すことが有効なことがあります。さらに，自分（自分たち）の見解に対して予想される批判を示したうえで，それに対する反論を書くということも有効です。

5.2.6 第5章 おわりに

第5章では，第1章から第4章までの内容について，**まとめ**を書きます。また，第4章において，解決策の提案をしたわけですが，それによって問題が完全に解決するというわけではないはずです。どのような主張や提案であっても，なんらかの課題や弱点が残されているものです。このような**残された課題**についても，書く必要があります。そして，設定した問題に関する議論が，今後どのような方向に進んでいくべきなのか，あるいはどのような方向に進んでいくものと予想されるのかという**今後の展望**を書くことが重要です。

5.2.7 参考文献

レポートには，最後に参考文献を記載する必要があります。参考文献の必要性や書き方など詳しいことは後述します。

5.3 レポートを作成する際の注意事項

5.3.1 レポートをわかりやすくする工夫

〔1〕 レポート・文章の構成

レポートを書く際には，**章・節・項**を分ける必要があります。例えば，2章であれば，章は2，節は2.1，2.2…，項は2.1.1，2.1.2…というように表記し，さらにそれぞれの章・節・項に見出しタイトルをつけます。なお，長い論文やレポートを除いて，最初の章（1章）や最後の章（5章）は，節や項に分けないことが多いです。

また，文章を書く際には，**段落分け**を適切に行うことが重要です。学生が書いたレポートを見ていると，時折，一つの段落が何十行もずっと続いているような文章を見かけますが，このような文章は読みにくいので避ける必要があります。段落は，意味のまとまりごとに適切に分ける必要があります。重要な事項については論述が長くなるので，その分，意味のまとまりを細かく分けて構いません。

〔2〕 視覚的な工夫

学問分野によっては，レポートや論文を文章だけで表現するのが慣例になっている分野もありますが，一般論としては，レポートについても，**図**，**表**，**グラフ**，**画像**などを少し用いたほうが見やすくてわかりやすいものになります。なお，図，表には通し番号を振り，キャプション（タイトル）を付与します。キャプションの位置については，図の場合は図の下，表の場合は表の上にするのが一般的です。また，図，表，グラフ，画像などを他人の著作物からコピーしてレポートに貼り付けたような場合には，必ず，出典を記載する必要があります。

5.3.2 文章表現に関する注意事項

〔1〕 文末について

文末については，「ですます調」ではなく，「**である調**」で書きます。大学で提出するレポートや論文の類は，「である調」で書くのが原則です。学生が書いたレポートのなかには，基本的には「である調」で書いてあるものの，ところどころ「ですます調」になっているものがありますが，このようなことのないように注意する必要があります。

〔2〕 わかりやすい文章

レポートを書く際は，つねに読み手を意識してわかりやすい文章を書くようにしましょう。当然，読み手がいるのであり，ひとりよがりでわかりにくい文章になっては，読んでもらえないか，読んでもらっても意図が伝わらない，ということになってしまいます。わかりやすい文章にするためには，まず，長文を避けて，簡潔な文を書く必要があります。一つの文があまりに長くなると，それだけで理解が難しくなります。また，難解な語句の使用は，できるだけ避けたほうが良いです。問題によっては，難解な**専門用語**ないし**学術用語**を使わざるを得ない場合もあるでしょうが，そのような場合は，用語の注釈・解説をつけるなどしてわかりやすくする工夫が必要になります。さらに，修飾語と被修飾語の関係を明確にすることが重要です。そのためには，修飾語と被修飾語をできるだけ近づけるなどの工夫が必要です。

〔3〕 事実と意見の区別

レポートを書く際に重要になるのは，**事実**と**意見**を明確に区別するということです[5)]。どこまでが客観的な事実で，どこからが執筆者の意見なのかがわからなければ，どこにオリジナリティや独創性があるのかの判断もできません。そのため，文末の表現にも気をつけなければなりません。事実については，「…である」，「…になっている」といった表現を使いますが，意見については，「…であると考える」，「…であると思う」といった表現を使う必要があります。

また，この点に関連して，他人の意見をあたかも自分が考えた意見であるかのように書くということは絶対にやってはいけません。このような記述は，学問的誠実性に欠けるものですし，場合によって著作権を侵害する可能性もあります。

〔4〕 そ の 他

細かいことですが，特別な指示や慣行がない限り，日本語の一般的なルールでは，段落の一文字目は空けることになっています。学生のレポートを見ていると，意外とこれができていないものがありますので，注意する必要があります。

また，レポートをひと通り書き終わったら，必ず**誤字・脱字**のチェックをするようにしましょう。誤字・脱字のチェックの仕方についてですが，誤字・脱字があるに違いないという疑いを持ってチェックするということが重要です。それから，誤字・脱字のチェックをする際には，文章の中身を無視して，文章の字面だけを見て行うことを勧めます。というのは，文章の中身を考えてしまうと，そちらのほうに気がとられてしまい，誤字・脱字を見逃しやすくなるからです。なお，PC の画面上では，意図せざるフォントの変化などを見落としがちです。こうした問題に対処するためには，一度プリントアウトして，紙媒体でチェックをすることを勧めます。

5.3.3 レポートの準備について

形式的なことですが，レポートが複数ページになる場合は，各ページの一番下（フッター）に，ページ数を記載するようにしましょう。また，レポートを提出したり，ほかの学生に配布したりする場合は，必ずホッチキスでとじる必要があります。そして，当然のことですが，レポートは，授業で決められた期限までに作成し，提出しなければなりません。提出日の当日になってから慌てて作成するというのでは間に合いませんので，前日までに作成しておくようにしましょう。

5.4 参考文献の記載について

5.4.1 参考文献について

レポートや論文では，必ず，参考文献を記載する必要があります。方式としては，注（注釈）をつけ，そのなかで文献を記載する方法や，参考文献を末尾に記載する方法などがあります。

〔1〕 参考文献を記載する必要性

レポートでは，参考文献を必ず記載する必要があると述べましたが，その理由は大きく二つあります。

一つは，**著作権に配慮する**必要があるということです。レポート中で他人の著作物を**引用**する際は，著作権を侵害しないように注意しなければなりません。引用については著作権法32条が定めていますが，「引用は，公正な慣行に合致するものであり，かつ，報道，批評，研究その他の引用の目的上正当な範囲内で行なわれるものでなければならない」と規定していますので，引用する際は，これらの要件を満たす必要があります。「公正な慣行」としては，特に，引用する側と引用される側の明瞭区別性が重要です。具体的には，引用する文章を括弧（「」）でくくる方法などがあります。また，著作権法48条は，「著作物の出所を，その複製又は利用の態様に応じ合理的と認められる方法及び程度により，明示しなければならない」と定めていますので，他人が作成した文章などを引用する際には，当該文献を明記しなければなりません。

もう一つは，読者に，内容を**検証する機会を保障**するということです。つまり，読者が，レポートに記載されている内容に疑問を持ったり，より詳しく内容を知りたいと思ったりしたときに，原資料に当たれるようにするということです。そのため，参考文献については，読者が原資料にたどり着けるように記載する必要があります。

〔2〕 引 用 の 方 法

文献の引用の仕方については，大きく二つの種類があります。一つは，ハーバード方式

（著者名・発行年方式）と呼ばれているもので，もう一つがバンクーバー方式（引用順方式）と呼ばれているものになります[6)]。前者のハーバード方式は，本文の引用した部分に続けて，括弧書きで著者の姓，出版年，頁数を記載し，文章の末尾に，著者の名前順に文献リストを記載する方法です。これに対して，後者のバンクーバー方式は，引用した部分に，最初から順番に注番号を付して，文章の末尾または各頁の下部に，注番号に対応した文献リストを記載するという方法です。文章の末尾に記載する場合を「後注」，各頁の下部に記載する場合を「脚注」と言います。

① ハーバード方式の例

本文：「ネット依存症」が心や身体に悪影響を与えるということが，専門家によって指摘されるようになっている（樋口 2013：82）。

末尾の文献リスト：樋口進『ネット依存症』PHP 研究所，2013 年

② バンクーバー方式の例

本文：「ネット依存症」が心や身体に悪影響を与えるということが，専門家によって指摘されるようになっている[1)]。

末尾の注：1）樋口進『ネット依存症』PHP 研究所，2013 年，82 頁以下

〔3〕 書籍・論文の重要性

学生が書いたレポートを見ていると，参考文献として，インターネット上の記事や資料ばかりを挙げているものが目につきます。しかし，インターネット上の情報については，執筆者が不明なものなど信頼性の点で問題があるものも多いです。そのため，インターネット上の情報に過度に依存するのは適切ではありません。参考文献については，できるだけ，当該分野の専門家が執筆した**書籍**や**論文**を記載することを心掛けてください。

5.4.2 参考文献の記載方法

文献の記載方法にはさまざまな方式があり，学問分野によって異なります。ここでは，人文社会系の場合と理工系の場合に分けて，記載例を挙げていくことにします。

〔1〕 人文社会系の場合

人文社会系の場合でも，さまざまな記載方法がありますが，以下のものが比較的オーソドックスなものになります。

① 書 籍

著者名『書名』出版社，出版年，頁数。

例）水越伸『21 世紀メディア論』放送大学教育振興会，2014 年，1 頁。

② 雑誌論文

著者名「論文名」『雑誌名』巻数，号数，出版年，出版社，頁数。

例）西垣通「オープン情報社会の裏表」『現代思想』Vol.39，No.1，2011年，青土社，40～51頁。

③　書籍に掲載されている論文

著者名「論文名」編著者名『書名』出版社，出版年，頁数。

例）村上康二郎「プライバシー保護」佐々木良一監修＝手塚悟編『情報セキュリティの基礎』共立出版，2011年，133～148頁。

④　新聞記事

著者名「記事名」『新聞名』刊行年月日，頁数。

⑤　インターネット上の記事

・著者名がわかる場合

著者名「記事タイトル・資料名」URL（最終アクセス日）

例）外務省「『持続可能な開発目標』（SDGs）について」
https://www.mofa.go.jp/mofaj/gaiko/oda/sdgs/pdf/about_sdgs_summary.pdf
（2019年8月1日）

・著者名がわからない場合

「記事タイトル・資料名」URL（最終アクセス日）

例）「我々の世界を変革する：持続可能な開発のための2030アジェンダ（仮訳）」
https://www.mofa.go.jp/mofaj/files/000101402.pdf
（2019年8月1日）

〔２〕 理工系の場合

理工系の場合にも分野によってさまざまな記載方法があり，さらに，同じ分野であっても，学術雑誌の種類によって異なることもあります。ここでは，情報系の分野でよく用いられる「情報処理学会」の記載方法を記述します[7)]。

①　書　籍

著者名：書名，ページ数，出版社（出版年）。

例）水越伸：21世紀メディア論，p.1，放送大学教育振興会（2014）。

②　雑誌論文

著者名：論文名，雑誌名，巻数，号数，ページ数（出版年）。

例）西垣通：オープン情報社会の裏表，現代思想，Vol.39，No.1，pp.40-51（2011）。

③　書籍に掲載されている論文

編著者名：書名，著者名：論文名，ページ数，出版社（出版年）。

例）佐々木良一（監修），手塚悟（編）：情報セキュリティの基礎，村上康二郎：プライバシー保護，pp.133-148，共立出版（2011）。

5.5　サンプルを用いた解説

以下では，実際に学生のグループが作成したレポートをサンプルとして取り上げ，これにコメントを行うことにします。

ここでは，まず「ゴミの不法投棄を止めさせる」というタイトルで発表したグループのレポートを取り上げます。その第4章は，以下のようになっています。

4.　不法投棄への新たな解決策

いままで調べたことをもとに，私たちは新たな解決策を考察した。

4.1　一般廃棄物について

（1）　町（自治体）ごとでの不法投棄物排出量の規制，売却

排出量を決めて排出量以下だったら残りの排出できる量をほかの自治体に売ることができる。または国が買う。

例：CO_2 削減の総量規制

（2）　家電製品に，所有者がわかるコード

大型家電製品を買ったときにどこのだれが買ったか登録し市や県で管理。

問題点としては中古品や個人間での贈与時に所有者がわからなくなる。

（3）　ゴミ分別の統一化

いま現在ゴミの分別は自治体ごとで基準も違うので，分別が難しく不法投棄に繋がっている。

（4）　ポイ捨てが多い場所に人が寄りたくなくなるものを設置

ゴミよけトリーの例を参照。

例：蜂の音や熊出現，痴漢，暴漢，強盗多発の看板など。

（5）　ゴミ箱の設置

花火大会などの後はゴミがたくさん出るのでもっと多く設置する。しかし，家のゴミまで持ち込む可能性がある。

（6）　教　育

不法投棄による被害の状況などを学校で教え，不法投棄の減少をめざす。

4.2　産業廃棄物について

（1）　監視員

企業に月1で監視員を派遣しゴミ分別の状況を監視する。買収される可能性もあるので毎回変える。

（2）　優良企業への待遇

きちんとゴミの分別をしている企業には市のホームページに載せるなどの広告費の援助。賃貸の削減などの融通を利かせる。

ここでは，廃棄物を一般廃棄物と産業廃棄物に分けたうえで，それぞれについて，不法投棄の解決策が提案されています。自分たちなりに考えて解決策を提案している点は良いですが，多数の解決策が挙げられている反面，一つ一つの解決策に関する理由づけや検討が不十分であるという印象を受けます。新たな解決策を提案する際には，結論だけを述べるのではなく，理由づけを詳しく丁寧に行う必要があります。また，テーマの設定の仕方としても，「ゴミの不法投棄」全般を扱うのは広すぎるかもしれません。一般廃棄物か産業廃棄物のどちらかにテーマを絞れば，より深い検討がしやすくなります。

つぎに，「産業廃棄物に対する日本の現状」というタイトルで発表したグループのレポートを取り上げます。このレポートでも，第4章において解決策の提案がなされています。まず，4.1節において，「埋立地の土壌汚染に対する解決策」が提案され，つぎに，4.2節において，「産業廃棄物の焼却処理による大気汚染に対する解決策」が提案されています。そして，以下のように，4.3節において，「産業廃棄物の処理費用に対する解決策」が書かれています。

4.3　産業廃棄物の処理費用に対する解決策

まず，自治体の支援など，現在税金からまかなっている分を増やすことが一つの解決策になるだろう。この他に諸外国が行っている政策，制度から日本に導入できるものがないか調べたところ，デポジット制というものがあるとわかった。

デポジット制とは，使い捨ての飲料容器など環境に悪影響を与える製品の回収を促すため，製品の販売時に預り金（デポジット）を価格に上乗せし，消費者が使用済製品を回収システムに返却する際に預り金を返還する制度である。デポジット制をベースとした新たな政策を考え，支援金を作り，導入することで，排出元が支払う産業廃棄物の処理費用を軽減できるのではないか。

しかし，問題点として，デポジット制は一般廃棄物を対象とした，政府，企業と消費者が行う制度であることが挙げられる。産業廃棄物は2.1節で説明したように事業活動によって生じる廃棄物である。つまり，消費者と政府，企業との間で行われているデポジット制を，企業と政府の間で有効な形に変える必要がある。

ここでは，産業廃棄物の処理費用に関する問題について，一般廃棄物に関するデポジット制を参考にして，それを産業廃棄物にも導入するという提案がなされています。このレポートについては，この4.3節だけではなく，4.1，4.2節も含めて，一つ一つの提案について，詳しい検討，考察を行っている点で評価することができます。このグループのレポートが成功している要因の一つは，廃棄物全般を対象にするのではなく，テーマを産業廃棄物に絞り込んだ点にもあると考えられます。

※（補足資料）レポートのルーブリック

レポート作成における学習到達度を示す評価基準として，**表5.1** に示すルーブリックが参考になりますので，補足資料として掲載しておきます[8)]。ルーブリックとは学生のパフォーマンスを多角的かつ段階的に評価するための評価基準のことです。

表5.1　レポートのルーブリック[8)]

	基準以上	基準に達している	もう少しで基準に達する	基準に達していない
議論の質	中心的議論が明確で，興味深く，実証可能である（すなわち，単なる意見ではなく証拠に基づいている）。 レポートの主張は中心的議論に明確に沿ったものである。 この科目の重要な考えを細部にわたりしっかり理解していることが議論と主張に表れている。	中心的議論が明確で実証可能である。 レポートの主張は中心的論証に沿ったものである。 この科目の重要な考えをしっかり理解していることが議論と主張に表れている。	中心的議論は実証可能であるが，明確ではないところがある。 レポートの主張のなかに，中心的議論に明確に沿っていないところがわずかにある。 この科目の重要な考えをある程度理解していることが議論と主張に表れている。	中心的議論が不明瞭である，あるいは実証できない。 レポートの主張は中心的議論に沿っていない。 この科目の重要な考えをあまり理解していないことが議論と主張に表れている。
証拠	用いられている証拠が具体的で内容が濃く，多様であり，主張を明確に裏づけている。 引用と図版が効果的に組み立てられ，本文中で適切に説明されている。	用いられている証拠は主張を裏づけている。 引用と図版がある程度効果的に組み立てられ，本文中で適切に説明されている。	用いられている証拠には主張の裏づけになっていない部分がある。 引用と図版のなかに，組立てが効果的ではない，あるいは本文中で適切に説明されていないものがある。	用いられている証拠がほとんど主張の裏づけになっていない。 引用と例示のほとんどが，組立てが効果的ではない，あるいは本文中で適切に説明されていない。
構造	読者を導く強力なトピックセンテンスがあり，終始考えに一貫性があり論理的に提示されている。 読者は議論の構造を容易に理解することができる。	読者は議論の構造を少し努力すれば理解することができる。	読者は議論の構造をつねに理解できるわけではない。	読者は議論の構造を理解できない。
明瞭さ	文章が簡潔で非常に良く練られており，語彙が正確であるため，読者は容易に意味を読み取ることができる。	読者は少しの努力で意味を読み取ることができる。	読者はつねに容易に意味を読み取ることができるわけではない。	読者は容易に意味を読み取ることができない。
技巧	綴り，句読点，文法に目立った間違いがまったくなく，引用文がすべて正しく引用されている。	綴り，句読点，文法に目立った間違いが少なく，引用文がすべて正しく引用されている。	綴り，句読点，文法に目立つ間違いがあり，引用文が正しく引用されていない箇所がある。	綴り，句読点，文法に重大な目立った間違いがあり，引用文が正しく引用されていない。

中井俊樹（編著）：アクティブラーニング，p.190，玉川大学出版部（2015）の表を一部修正

6章　どのようにスライド資料を作成するのか

本章では，スライド資料の作成方法を説明します。5章においてレポートを作成しましたので，これによって，設定したテーマ・問題について，調査・分析した結果がまとまり，自分たちの主張・意見がまとまったことになります。これらの成果を人前で発表するには，パワーポイントで作成したスライドを使います。

以下では，まず，わかりやすいスライドを作成するための基本的な考え方とスライドの構成の仕方について説明します。そのうえで，スライドで用いる個別のアイテムについて，作成方法や利用方法を解説していきます。具体的には，文字・文の書き方，図解の仕方，表・グラフの作成方法，画像・イラストの利用方法を取り上げます。

6.1　わかりやすいスライドを作成するための基本的な考え方

スライドの出来不出来によって，そのプレゼンテーションに対する評価や印象が大きく変わります。多少，口頭での発表が苦手な人でも，スライドが上手にできていれば，それなりに自分たちの主張が聴衆に伝わりますし，一定の評価を得ることができます。それだけ，プレゼンテーションでは，スライドの出来が重要になるということです。

それでは，伝えたいことが聴衆に伝わるようなわかりやすいスライドを作成するには，どうすれば良いのでしょうか。基本的な考え方，姿勢としては，発表者がつくりやすいスライドや，発表しやすいスライドをつくるのではなく，聴衆から見てわかりやすいスライド，見やすいスライドをつくるということが重要です。つまり，**聴衆の立場に立って作成**するということです[1)]。

学生が作成したスライドを見ていると，スライド一面に，小さい文字で長い文章が書かれているものがあります。たしかに，作成したレポートの文章をそのままコピーして貼り付ければ，作成するのは楽かもしれません。また，スライドの文章を発表原稿代わりにして，そのまま読み上げれば，発表するのは楽かもしれません。しかし，このように長い文章が書かれたスライドは，読むのに時間が掛かりますし，聴衆から見てわかりにくいので，避けなければなりません。わかりやすいスライドは，聴衆が見たときに，瞬時に伝えたいことが伝わるようなスライドです。そのためには，文字はできるだけ少なくし，**図**，**表**，**グラフ**，**画**

像，**イラスト**などを多用して，ビジュアルなスライドにすることが重要になります。

6.2 スライドの構成・流れ

6.2.1 スライドの構成

〔1〕 構成の仕方

スライドの構成の仕方については，さまざまな方法や考え方がありますが，本書では，すでに5章でレポートを作成していますので，スライドの構成は，レポートの構成に合わせれば良いということになります。レポートとスライドの構成が一致していないと，聴衆が混乱してしまいますので，両者の構成は一致している必要があります。

また，スライドのタイトル部分に，レポートの章・節・項と同じ番号を記載するということが重要になります。これによって，聴衆は，レポートのどの部分と，スライドのどの部分が対応しているのかということを瞬時に理解することが可能になります。

〔2〕 タイトルスライドと目次

スライドの1枚目には**タイトルスライド**が必要になります。ここには，発表タイトル，グループ番号，グループの全メンバーの学籍番号，氏名を記載します。

そして，スライドの2枚目には，**目次**を記載することを推奨します。これによって，聴衆は，どのような内容がどのような順番で話されるのかを予測することができるようになるため，聴衆がプレゼンテーションを理解しやすくなります。なお，目次については，視覚的効果を高めるために，図で示す場合もあります。

6.2.2 スライドの枚数・デザイン

〔1〕 スライドの枚数

かつては，スライドの枚数については，「1分1枚」という基準がよく使われていました。しかし，最近では，このような「1分1枚」の基準は意味がないと言われています。例えば，全面に写真を貼り付けて少し見せるだけのスライドの場合は，説明に1分も掛かりませんし，逆に，情報量の多いスライドや難解な事項を記載したスライドの場合は，説明に1分以上時間が掛かることもあります。したがって，「1分1枚」という基準にこだわる必要はありません。

それでも，目安になるだいたいの枚数を知りたいということはあるかもしれません。あくまで，一応の目安ということですが，20分の発表であれば，スライドの枚数は，だいたい**20〜30枚程度**が一般的ではないかと思います。もちろん，スライドのつくり方や話し方によっては，スライドの枚数がもっと多くなることも十分考えられます。いずれにせよ，実際に時間を計りながら発表練習をしてみて，スライドの枚数を調整する作業が必要になります。

〔2〕 **デザインテンプレート**

スライドの背景デザインについては，スライドの見栄えを良くするために，**デザインテンプレート**を使用することを勧めます。学問分野によっては，白地のままの背景を使用することもあるようですが，一般的には，デザインテンプレートを使うことが多くなっています。

デザインテンプレートについては，パワーポイントの「デザイン」タブから選択することができますし，インターネット上で公開されているフリーのテンプレートを使用するという方法もあります。もっとも，あまり派手で装飾的なテンプレートを使うと逆にスライドが見にくくなることがありますので，その点は注意が必要です。

6.3 文字・文の書き方

6.3.1 文字の書体と大きさ

〔1〕 **どの書体（フォント）を使うのが良いか**

ワードでレポートなどの文書を作成する際は，文字の書体としては，明朝体を使用するのが一般的です。これに対して，パワーポイントでスライドを作成する際の文字の書体については，**ゴシック体**（MS P ゴシックなど）を使うのが一般的です。ゴシック体は，文字の太さが同じなため視認性に優れているからです。スライドでも，明朝体を使うことがないわけではありませんが，明朝体は，横の線が細いため，スクリーンを遠くから見た場合に見にくくなるので，あまりお勧めではありません。したがって，特別なこだわりがない限りは，ゴシック体の使用を勧めます。

なお，最近では，スライドで使用する文字の書体として，メイリオが推奨されることも多くなりました。もちろん，メイリオでも構いませんが，学生が大学の授業で発表する際のスライドについては，ゴシック体で十分だと考えられます。

〔2〕 **文字の大きさ**

文字の大きさについては，スライド全体で，ある程度統一したほうが，統一感があり見やすいスライドになります。一般的には，**大・中・小**の3段階ぐらいで統一したほうが良いと言われています。大は**タイトル**に使用し，中は**本文**に使用し，小は**注釈**などに使用します。

具体的に，何ポイントの大きさが適切かについては，諸説がありますが，本文は**24ポイント以上**が望ましいものと考えられます。これよりも小さい文字だと，離れたところからスクリーンを見たときに見にくくなります。なお，単位付きの数字の場合は，数字を目立たせるために，数字よりも単位を小さくすることが有効です。具体的には，単位の大きさは，数字の 60～70％にすると良いでしょう。

6.3.2 文の書き方

〔1〕 長い文章は書かない

スライドを作成する際に重要なことは，**長い文章を書かない**ということです。スライド一面に長々と文章が書いてあっても，聴衆はそれをじっくり読んでいる時間はありません。理想的なスライドは，聴衆ができるだけ短時間で，その内容を理解できるようなスライドです。そのためには，文はできるだけ短くする必要があります。

本書のプロジェクト学習の流れでは，先にレポートを作成し，その後にスライドを作成するという手順になっています。そのため，レポートの文章をそのままスライドでも使用するということが起こりやすいところがあります。しかし，レポートの文章をそのまま使うのではなく，ポイントになる文だけを抜き出して，さらに**一文字でも文字を少なく**するという作業をすることが必要です。

〔2〕 箇条書き

スライドでは，文章を長々と書くのではなく，最低限，**箇条書き**にする必要があります。箇条書きをするときは，**行頭記号**を用いるのが有効です。行頭記号については，パワーポイントの「ホーム」タブの「段落」メニューにある「箇条書き」ボタンを使うことによって利用することができます。また，文については，すべての文字が黒一色では，どこが重要なポイントなのかわからないため，重要なキーワード，単語については，**赤色**などほかの色に変換するか，**太字**にすることが有効です。以上の箇条書きの仕方については，**図 6.1** を参照してください。これは，実際に学生が作成したスライドをもとに作成したものです（なお，これは説明用のサンプルのためデザインテンプレートは使用していません）。

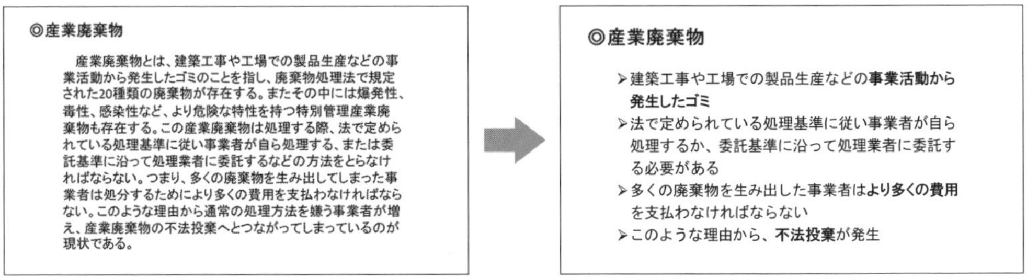

◎産業廃棄物

　産業廃棄物とは、建築工事や工場での製品生産などの事業活動から発生したゴミのことを指し、廃棄物処理法で規定された20種類の廃棄物が存在する。またその中には爆発性、毒性、感染性など、より危険な特性を持つ特別管理産業廃棄物も存在する。この産業廃棄物は処理する際、法で定められている処理基準に従い事業者が自ら処理する、または委託基準に沿って処理業者に委託するなどの方法をとらなければならない。つまり、多くの廃棄物を生み出してしまった事業者は処分するためにより多くの費用を支払わなければならない。このような理由から通常の処理方法を嫌う事業者が増え、産業廃棄物の不法投棄へとつながってしまっているのが現状である。

（a） 悪い例

◎産業廃棄物

- 建築工事や工場での製品生産などの**事業活動から発生したゴミ**
- 法で定められている処理基準に従い事業者が自ら処理するか、委託基準に沿って処理業者に委託する必要がある
- 多くの廃棄物を生み出した事業者は**より多くの費用**を支払わなければならない
- このような理由から、**不法投棄**が発生

（b） 良い例

図 6.1 長い文章と箇条書きのサンプル

6.4 図解の仕方

6.4.1 さまざまな図の形式

スライドでは，長い文章を書くのではなく，まずは最低限，箇条書きにする必要がありますが，さらに理想を言うと，文で説明するのではなく，図で示すほうがよりわかりやすく，見栄えのするものになります[2)]。

そこで，文章を図に変換する作業が必要になりますが，図にもさまざまな形式のものがあるため，場合に応じて，それを使い分ける必要があります[3)]。まず，① **時間的な流れ**を表す場合には，段階図，プロセス図，循環図などを使います。つぎに，② **関係性**を表す場合には，階層図，集合図，相関図などを使います。そして，③ **複数軸**の関係を表す場合には，象限図，マトリクス図などを使います（**図 6.2**）。

ただ，実際には，図をゼロから自分で作成するのは必ずしも容易ではありません。そこで，パワーポイントにあらかじめ用意されている**図のサンプル**（**SmartArt グラフィック**）

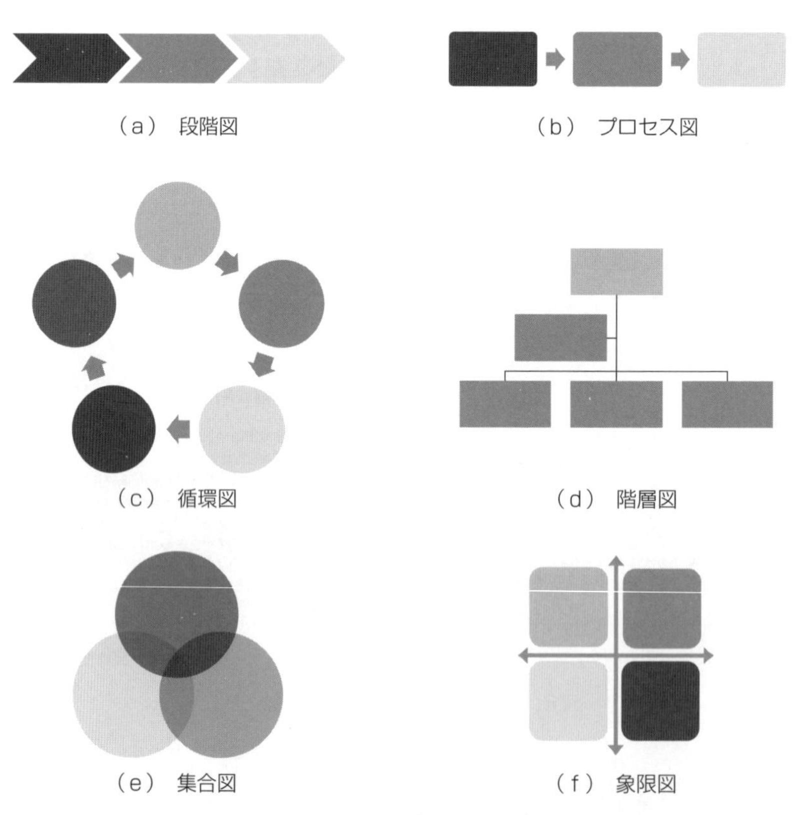

図 6.2　さまざまな図の形式

を利用するのが効率的です。具体的には，パワーポイントの「挿入」タブの「図」メニューにある「SmartArt」から選択することができます。

6.4.2　ボックスと矢印

このように，パワーポイントには，図のサンプルが多数用意されていますが，それでも，文章を図に変換することが難しいという場合もあり得ます。そのような場合には，次善の策として，**ボックス**と**矢印**を使うという方法があります[4)]。すなわち，文をできるだけ簡略化してボックスで囲い，さらにボックス同士の相互関係を矢印で示すということです。これだけでも，かなり見やすく，わかりやすいスライドになります。図 6.1 で使用したサンプルをボックスと矢印を用いて修正すると，**図 6.3** のようになります。

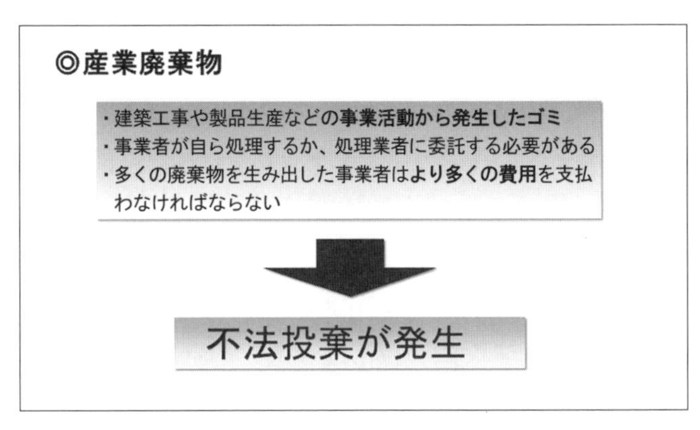

図 6.3　ボックスと矢印を用いたサンプル

6.5　表・グラフの作成方法

6.5.1　表の作成について

表については，大きく，**色を付ける場合**と**色を付けない場合**に分かれますが，どちらが良いかは一概には言えません。色が付いているほうが見栄えがするのでお勧めですが，表のなかの数値を目立たせるために数値に色を付けるような場合には，色の付いていないシンプルな表のほうが良い場合もあるかもしれません。

表に色を付ける場合にも，さまざまな配色の方法があります。パワーポイントの「表ツール」にある「デザイン」タブから，さまざまな「表のスタイル」を選ぶことができます。ただ，実際にはある程度，見やすい表のパターンというものがあります。**図 6.4** を見てください。これは，学生が作成した表を基に修正を加えたものです。まず，最上段の見出しのセルについては，濃い色にして，文字を白抜きにします。その下にある項目のセルについて

夕張市の人口推移

		1960年	1990年	2015年
世帯		25,156	9,735	5,357
人口（人）	男	59,416	11,355	4,335
	女	57,492	12,078	5,010
	全体	116,908	23,433	9,345

赤色などほかの色にする

夕張市「夕張市の月別人口世帯数調」(http://www.city.yubari.lg.jp/contents/tokei/jinko/suii/pdf/tsuki.pdf)を基に作成

図6.4　色が付いている場合の表のサンプル

は，2色の薄めの色を交互に使うことによって，網掛けにします。また，表については，特に注目してほしい数値を赤色などほかの色に変えることによって強調することが有効です。

なお，表を作成する際になにかの資料を参考にした場合には，表の下に「○○を基に作成」とか，「○○を参考に作成」というように参考資料を記載するようにします。

6.5.2　グラフの作成について

数値的なデータについては，視覚的にわかりやすくするために，グラフを用いることが有効です。グラフについては，さまざまな種類のものがありますが，目的に応じてそれらをうまく使い分けることが重要です。

① 各項目の量を比較したり，量の時系列的な変化を表したりする場合には，**棒グラフ**（図6.5）を使います。

② 数値の時系列的な変化を表す場合には，**折れ線グラフ**（図6.6）を使います。

③ 各項目が全体に占める割合を表す場合には，**円グラフ**（図6.7）を使います。

④ 各項目が全体に占める割合を相互に比較したい場合には，**帯グラフ**を使います。

また，グラフを作成する際は，特に注目してほしいところを赤線で囲ったり，重要な項目の部分だけ色を変えたりするなどして強調することが有効です。これによって，自分が注目

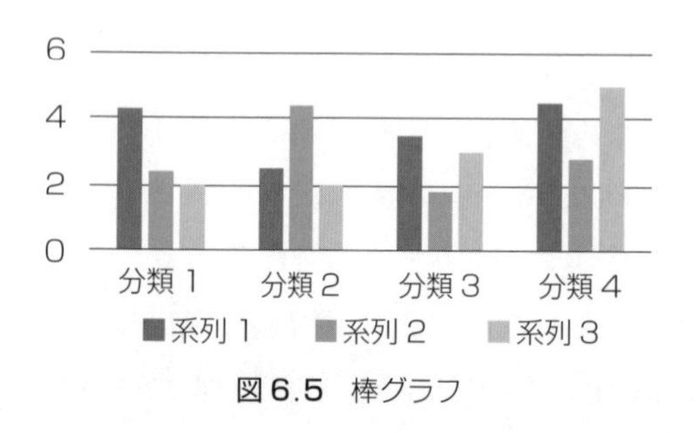

図6.5　棒グラフ

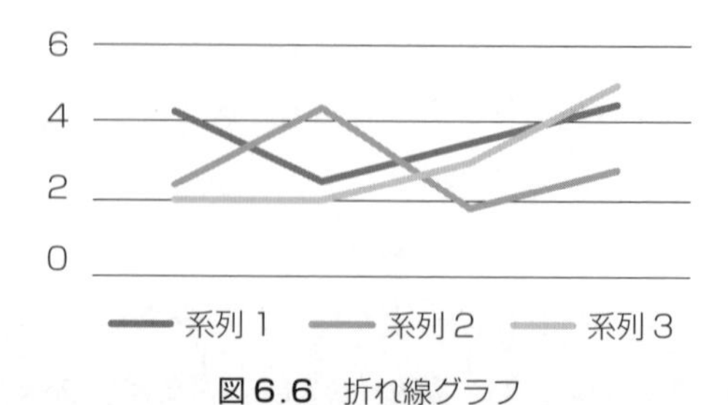

図6.6　折れ線グラフ

してほしいところに，聴衆の視線を誘導することができます。

なお，グラフのなかでも，特に円グラフについては，数値をグラフのなかに記載したほうが見やすくなる場合が多いです。グラフのなかに数値を記載するには，「グラフツール」の「デザイン」タブから，「グラフ要素を追加」をクリックし，「データラベル」のなかから「中央」または「内部外側」を選択します[5)]。

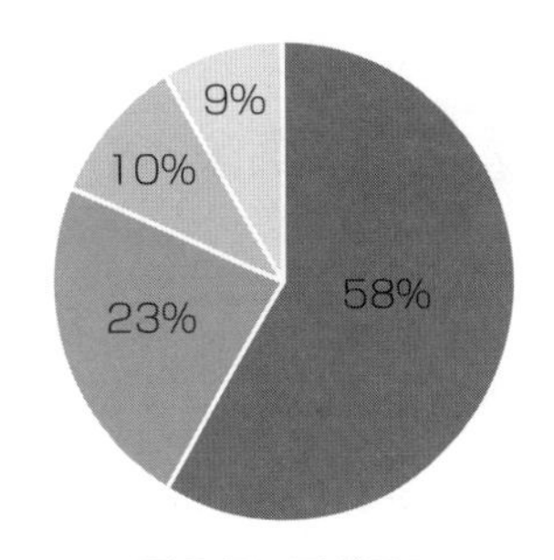

図 6.7　円グラフ

6.5.3　表・グラフに関する注意事項

学生が作成したスライドのなかには，インターネット上で公開されている表やグラフをコピーして貼り付けたものが存在します。しかし，解像度が低いために，数値や項目などの文字が見にくくなっている場合が多いです。そのため，インターネット上で公開されている表・グラフを参考にする場合でも，そのまま貼り付けるのではなく，自分でつくり直すことが望ましいです。表・グラフを自分でつくり直した場合には，図 6.4 に記載したように，表・グラフの下に「○○を基に作成」とか，「○○を参考に作成」というように参考資料を記載するようにします。

なお，場合によって，やむを得ずインターネット上の画像をそのまま使用せざるを得ない場合もあるかもしれませんが，その場合は，必ず**出典**を明記する必要があります。出典については，表・グラフの下か横に記載するようにします（**図 6.8** を参照）。出典には，著者名（著者名がわかる場合），サイト名または資料名，URL などを記載するようにします。

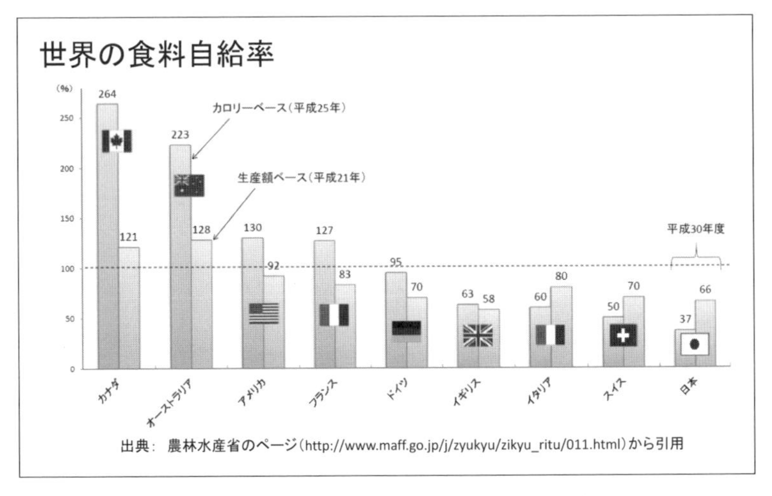

図 6.8　表・グラフを引用した場合の出典の記載方法

6.6 画像・イラストの利用方法

画像やイラストは，聴衆に強いインパクトを与えることができるので，うまく使用すると高い効果を得ることができます。場合によっては，文章で何行も説明するよりも，効果的な画像が1，2枚あれば，それだけで聴衆に伝えたいことが伝わります。このように，画像やイラストを使用することは効果的ではありますが，スライドのスペースが空いているからといったような理由で，内容と直接関係のない画像やイラストを多用することは避ける必要があります。

画像やイラストを利用する際に，特に注意する必要があるのは，著作権に配慮するということです。インターネット上で公開されている画像をコピーして，スライドに貼り付ける場合には，原則として，**出典を記載する**必要があります。ただ，インターネット上では，著作権フリーのイラスト素材集などが公開されていますので，利用規定などで著作者の表示（クレジット）が不要と明示されている場合には，例外的に出典を記載しなくても大丈夫です。

なお，イラストについては，従来は，パワーポイントで「クリップアート」と呼ばれるイラスト素材を利用することが可能でした。しかし，2014年に，マイクロソフト社は，クリップアートの提供を終了しました。これに代わるものとして，現在では，**オンライン画像**の検索（Bing イメージ検索）を利用することができます。これは，パワーポイントの「挿入」タブにある「画像」メニューから，「オンライン画像」を選択することで使用することができます。しかし，このオンライン画像の検索によって表示されるイラストには，**クリエイティブ・コモンズ・ライセンス**と呼ばれるライセンス条件が存在しているため，利用する際にその条件を守る必要があります。例えば，「表示」（著作者を表示しなければならない），「改変禁止」（作品を改変してはならない）などの条件が設定されていることがあるため，注意が必要です。

7章　どのように口頭発表を行うか

皆さんはレポートの執筆を終えて（5章），それをもとに口頭発表を想定したスライド資料の作成を行いましたね（6章）。今度はそのスライド資料を用い，さらに場合によっては図表やレジュメなどの補助資料を配布して，学友や教員などの聴衆に対して時間制限（20分程度）のある口頭発表，いわゆる**プレゼンテーション**（以下，**プレゼン**）を行います。このプレゼンは一連のプロジェクト活動の最終成果発表であり，また聴衆からのコメントや質疑による評価の場でもあります。本章では，まず口頭発表をいかに準備し，実施するかについて述べます。また，発表を聞く聴衆としての心構えについても言及したいと思います。なお本章では，プレゼン用スライドファイルがすでに完成していると想定して議論を進めます。

7.1　プレゼンテーションの準備の流れ

プレゼン実施までの準備の流れを示します。以下の項ではこの流れに沿って説明をします（図7.1）。

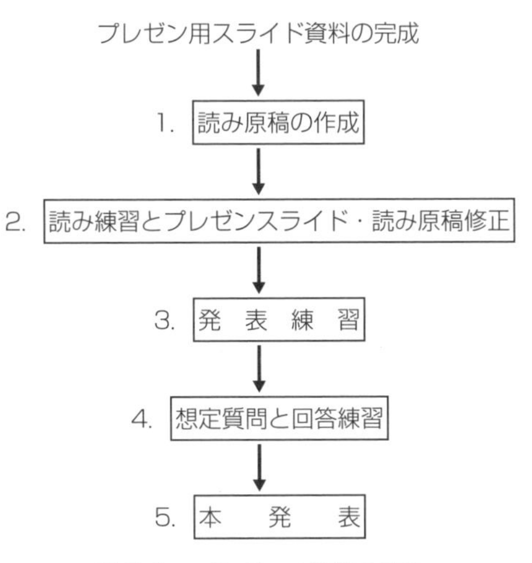

図7.1　プレゼンの準備の流れ

7.1.1　読み原稿の作成

本発表の口頭でのセリフをもれなく１度原稿に起こしたものが**読み原稿**です。プレゼンをさまざまな場で経験済みのベテランであれば読み原稿は必要ないかもしれません。しかし，大学１年生や２年生の段階ではプレゼンの経験は多くはないでしょう。まして，時間制限があり内容も社会問題や企業研究といった高度な内容になると，一度は読み原稿の作成を強く勧めたいと思います。短時間で複雑な情報を提示し，論理的に聴衆に対して説得的な議論を展開するには，極力無駄な「おしゃべり」は回避しておく必要もあります。また，プレゼンのイントロ部で聴衆の関心をぐっと惹きつける「殺し文句」などはとっさに思いつくものではないのです。以下に読み原稿作成に際しての注意点を記しておきます。

〔１〕　スライド資料を見ながら作成すること

聴衆はスライドを見ながら皆さんが話す言葉を聞いていることを忘れないようにしてください。スライドで使われている文章，表現，用語などは読み原稿でもそれらに対応して入れるようにしてください。スライド上にない文や用語が口頭で出てくるのは聴衆にとっては理解の妨げにしかなりません。スライドにはない内容は，スライドでの説明が終わったところで盛り込むのが賢明です。

〔２〕　図・表の説明部には細心の注意を払う

よく学生の発表に参加すると，図や表の説明で「…この図のようになっています」の一言で終わってしまう場面に頻繁に出くわします。これでは図や表を掲載する意味は限りなくゼロに近いと言わざるをえません。例えば，グラフならば，そのグラフがなにを示しているものなのかをまず説明し，縦軸，横軸がなんであるか，数値の単位はなんであるかなどの説明が不可欠です。これらの説明はレポートでは不要かもしれませんが，プレゼンでは必須です。

〔３〕　文体に注意する

読み原稿はあくまで口頭で読まれる「セリフ」です。であれば，長い文章，構文が複雑な文章は避けましょう。できるだけ文は短くて，単純であるよう心掛けたいものです。また，先ほども触れたように，スライドを使ってのプレゼンを開始する前の発言にも工夫を凝らしてみてください。発表者たちの手短な自己紹介のあと，発表のタイトルを示すにあたっては，聴衆に語りかけるようなスタイルで，いかにそのテーマが重要であるかを典型的な事例などを紹介して示すようなテクニックも有効です。

7.1.2　読　み　練　習

読み原稿の作成はグループメンバーの分担で行われることが多いでしょうが，**読み練習**はほかのメンバーもいる場で行うようにしてください。対面でのミーティングを設定するか，それが難しければ，スカイプやメッセンジャーなどのツールを使って遠隔で行うのでも良いでしょう。この相互チェックでは以下の点に特に注意すると良いです。

〔1〕 時間をチェック

発表を想定した速度で声に出して読みます。その際に時間がどのくらい掛かるかをチェックします。時間的に厳しいようであれば，無駄な表現や冗長と思われる箇所を削除します。

〔2〕 わかりにくい箇所をチェック

読んでいる本人よりもほかのメンバーのほうが原稿のわかりにくい箇所や表現上の問題にはすぐ気づくものです。読みを聞いてわからないのであれば，その原因はなにかをチェックします。論理の飛躍や矛盾などの論理的問題なのか，文や用語などの表現上の問題なのかを突き止めて，読み原稿，場合によってはスライドに遡って改良していきます。

7.1.3 発 表 練 習

発表練習は本発表のリハーサルです。本番に近い環境で　スライドを映しながら通しで練習します。読み原稿の棒読みにならないようにしましょう。また，図・表の説明などでは差し棒やポインタを効果的に使うことも試してみてください。最終的に制限時間内に全員の発表が収まるように最終的な調節をするようにします。このときに，発表をスマートフォンで動画に収録してあとで見直すこともできるでしょう。

7.1.4 想定質問と回答練習

グループメンバー間で想定される質問をリストアップし，それに対する回答を準備しておきましょう。もちろん，これらは文書としてグループ内で共有しておくべきものです。

7.1.5 本　発　表

配布資料がある場合は，発表の前日までには必要枚数を印刷しておくようにしましょう。本発表の当日はできれば余裕を持って教室に到着し，パソコンのチェックをするようにします。発表におけるポイントを明確にするために，学生の口頭発表を教員が評価するときに用いられるルーブリックの一例を以下に掲載しました（**表7.1**）。また，本書の巻末にある評価表も併せて見ておいてください。

ここでは特に発表後の質疑応答について留意点を記しておきます。

発表自体は読み原稿の推敲を重ね，リハーサルをぬかりなくやっていればなんとか無事にやり遂げられるかもしれません。しかし，質疑応答はそうはいきません。事前に質問を想定しているとはいえ，想定外の質問やコメントが参加者から出されることもまれではないのです。ある意味，この質疑応答は発表者にとっては最も緊張感が高まる瞬間です。まずは心を

表 7.1　口頭発表のルーブリック

	基準以上	基準に達している	もう少しで基準に達する	基準に達していない
テーマを明確に述べた	テーマを簡潔かつ明確に提示した。	テーマの提示は明確だが簡潔性に欠けていた。	テーマの提示の明確性を幾分欠いていた。	テーマの提示が不明確であり簡潔性にも欠けていた。
上手く構成されていた	情報は，わかりやすくて論理的な仕方で並べられている。つぎになにが述べられるのかということを予想しやすい。	大部分の情報は，わかりやすくて論理的な仕方で並べられている。一つの情報は，場違いなように思われる。	いくつかの情報は，論理的に並べてある。情報のなかには場違いなものもある。	情報の並べ方にははっきりした計画が全然ない。
テーマについての知識が豊富だった	プレゼンテーションのなかのすべての内容は，正確である。事実についての間違いはない。プレゼンテーションには，すべて必要な内容が入っている。	内容の大部分が正確であるが，不正確な情報が一つだけある。プレゼンテーションには，すべて必要な内容が入っている。	内容は，総じて正確であるが，情報のなかには，明らかに間違っているとか不正確なものがある。プレゼンテーションには，大部分必要な内容が入っている。	内容は，明らかになにを言っているかわからない，あるいは，一つ以上の事実についての間違いがある。内容には，いくつかの大切なことが抜けている。
最後に要点を明確にまとめた	要点を簡潔かつ明確に提示した。	要点の提示は明確だが簡潔性に欠けていた。	要点の提示の明確性を幾分欠いていた。	要点の提示が不明確であり簡潔性にも欠けていた。
明瞭かつ大きな声で話した	はっきりと大きな声で話した。	発表の大部分は聞き取れたが，言葉に詰まったり，語尾がはっきりしない箇所があった。	声は大きかったが，聞き取りにくい箇所が相当数あった。	小さな声で聞き取りにくい。
聞き手の目を見ながら話した	終始，聞き手を見ながら発表した。	聞き手を見ないで手元の資料を見ていることがあった。	聞き手を見ないで手元の資料を見ていることが相当数あった。	手元の資料ばかり見ていた。
堂々と話した	終始，堂々と自信を持って話した。	少し自信なさそうに話していることがあった。	少し自信なさそうに話していることが相当数あった。	終始自信なさそうに話していた。
制限時間を守った	時間配分が適切である。	ほぼ時間内である。	時間が少し超過した，または，少し短い。	時間が大幅に超過した，または，大幅に短い。
質問にきちんと答えた	すべての質問内容を理解し，正確な対応をした。	大部分の対応は正確であるが，不正確な対応があった。	不正確な対応が相当数あった。	大部分の質問への対応が不正確であった。
ppt資料が理解を助けた	①絵や図のデザイン・レイアウト等は効果的に関心を引き付け，かつ，②プレゼンテーションのテーマや内容理解を効果的に促進している。	①と②の両方または，どちらかに改善点があり，プレゼンテーションのテーマや内容理解の促進効果が少し弱い。	①と②の両方または，どちらかに大きな問題・改善点があり，プレゼンテーションのテーマや内容理解に障害がある。	①と②に大きな問題があり，プレゼンテーションのテーマや内容理解がほとんどできない。

落ち着けて，相手の言葉に耳を傾けること，そして質問内容をメモにとるようにしましょう。

質問への回答をする際は，まず結論から始めるようにしましょう。相手の質問に対する肯定・否定や自身の意見や見解を述べ，そのあとにその根拠を示します。だらだらとした回答は悪い印象しか与えません。また，質問の趣旨がわからないときは，躊躇することなく，その質問の真意を逆に質問するようにすべきです。また，わが意を得たりと思われる質問がくることもあります。そのときは，「いい質問ですね。ありがとうございます。」と相手をほめてから回答しましょう。これによって聴衆との親近感が生まれてきます。

7.2　ほかのグループの発表を聴く

プロジェクト学習活動はグループ単位で行うものですが，グループに閉じるものではなく，クラス内のグループ間での交流や議論も重要です。ほかのグループから調査上活用できる情報源の存在を知ったり，共同作業の進め方のノウハウについてヒントをもらったり，さらには，グループメンバー間での情報共有の便利なツールを教えてもらったりすることもあるでしょう。とりわけ，ほかのプロジェクトの発表に立ち会い，発表者たちと議論を交わす機会は貴重です。以下，参加者として質問やコメントを行う際に心掛けてほしい点を挙げておくことにします。

Point　質疑の場での心掛け

- 事前に発表テーマについて予習を欠かさないようにしましょう。そして，自分なりの問題意識や疑問点を持って発表を聴くようにしたいものです。それなしには，実のある質疑応答は成立しません。
- 発表を聴きながらノートをとる習慣を身に付けましょう。ノートをとることで，発表の論理構成を的確につかみ，問題点や疑問点を発見することが容易になります。これによって，質疑の質がぐっと高まります。
- 質問やコメントをする際は，なにについて質問しているかを明確かつ簡潔に示すようにしてください。長々とした質問は禁物です。短く，的確な言葉を発することを学んでください。
- 言うまでもないことですが，質疑の場は議論によって発表テーマについての知識を深め，より良い問題解決に向けての糸口を発見するために設定されているもので，他者の攻撃のためのものではありません。発表者への尊敬を失うことなく，あくまでも率直かつ建設的な発言を心掛けるようにしてください。

8章　プロジェクト学習事例

本章では，2～7 章で説明してきたことを踏まえて，実際に大学の授業においてプロジェクト学習を行うプランを紹介します。大学 1，2 年生にプロジェクト学習を実践的に学んでもらう半期の演習形式の授業を想定しています。

科目が開設される学部，学科の特性もありますし，場合によっては学部を横断した授業のこともあるでしょう。具体的なクラス編成によって実際のプロジェクトのあり方は変わってきますので，ここでは一般的なプランの紹介にとどめておきます。実際の授業に合わせて調整してください。

8.1 節でテーマ設定の方向性，テーマの絞り込みなどについて紹介します。8.2 節でスケジュールについて紹介します。スケジュールはテーマ設定の方法よりも，最終のアウトプットをレポートにするか，グループのプレゼンテーションにするか，といった点で大きく変わってくるため，発表の形式を軸にした説明とします。

8.1　テーマ設定の方向性

科目の設定によって，どんなテーマのプロジェクト学習が求められるのか，違いがあるものです。ここでは事例として，①具体的な社会問題を選び，そのテーマについてのプロジェクト学習，②近年注目されている **SDGs**（Sustainable Development Goals：**持続可能な開発目標**）と関連付けたテーマでのプロジェクト学習，③キャリア形成科目としての企業研究のプロジェクト学習，という 3 点を挙げます。

フィールドワークを用いたプロジェクト学習もありますが，調査対象による個別性の差異が大きいためここでは取り上げません。

①～③いずれのテーマ選択の例（あるいはそれ以外）においても，そのなかでどのようなテーマに絞り込むのかが，プロジェクトの成否を左右すると言っても過言ではありません。自分（たち）の関心を踏まえつつ，そのテーマを取り上げる意義をほかの人にしっかりと説明できるものを考えましょう。

8.1.1　テーマ領域

①の具体的な社会問題に関わる一般的なテーマ領域の参考として，**表 8.1** を挙げておき

ます。もちろん，②のSDGsについてのテーマにおいても参考になると思います。あくまでテーマを考えるための目安としてのものです。○○学の実践演習，というように分野があらかじめ決まっている場合を除くと，実際に皆さんが取り組む領域は，必ずしもこのようにすっきりと区切れない場合もあるでしょう。

表8.1 テーマの諸領域

領 域	テーマ
自然科学	エネルギー（原子力，風力，太陽光，バイオエネルギー，地熱など），環境破壊（気候危機，温室効果ガス，オゾン層破壊，砂漠化，マイクロプラスチック），自然災害（地震，津波，台風，火山，豪雨，猛暑），遺伝子組み換え，食品と安全性，HIV，万能細胞，宇宙論，宇宙開発，ICT関連，AI
社会科学	貧困（生活保護，非正規雇用，子どもの貧困），企業活動（グローバル化，外国人労働者，倒産，失業，リストラ），年金（未納，無年金，税と年金のあり方），少子高齢化，待機児童，公害（地域，種類もさまざま），税制（国際比較，国税と地方税，直接税と間接税），東京一極集中と過疎化，情報社会，キャッシュレス社会，国際関係，南北問題，著作権，市民社会
人文科学	社会病理（うつ病，いじめ，犯罪），生命倫理（脳死，臓器移植，遺伝子診断，治療），ハラスメント（いじめ，セクハラ，パワハラ），ジェンダー，LGBTQ（性的志向と性自認），地域について（地域おこし，地域通貨，地域史），歴史認識問題（戦争の記憶など），学校教育，社会教育

例えば災害一つ取っても，自然科学の一部としての地球物理学的なアプローチもあるでしょうし，復興のプロセスを考えるなら社会科学の一部としての政治学的知識が必要です。あるいは過去にその地域で起きた災害の記録を掘り起こす，人文科学の一部としての歴史学的なアプローチで取り組むことも可能です。

近年は学問のあり方そのものも領域横断的なものが求められる傾向が強まっていますから，無理に自然科学，社会科学，人文科学といった枠組みで考える必要はないかもしれません。具体的な課題から出発して，必要に応じて領域横断的に調べてみたり，絞り込みのなかでなんらかのアプローチに限定していく，という考え方もあります。科目・担当教員の方針などを踏まえて進めましょう。

8.1.2 テーマ選択の例① 新聞を用いて社会問題を探すプロジェクト学習

学生の皆さんのなかに，新聞を毎日読んでいる人はどれくらいいるでしょうか。私があるクラスで聞いてみたところ，一人暮らしで新聞を取っている学生は一人もいない，という結果になりました。

インターネットでさまざまな情報を得られるからいい，という意見もあるでしょう。しかしインターネット経由の情報は，いまや広告効果を最適化するためのアルゴリズムなどによって，本人の好みに合わせたニュースがスマートフォンやPCに表示されます。それは自分の既存の関心の枠内で情報を受け取っているだけ，という可能性が高くなります。

そもそも，インターネット上のニュースでも，信頼性の高いものはもともと新聞社や通信社の記者が取材して，それをポータルサイト（Yahoo! など）が買い取って配信しているものが中心です。

新聞の場合は，細かい記事を含めて考えれば，時間が限られているテレビのニュース以上に，いまの日本社会で生きるうえで重要と考えられるテーマを一通り網羅しています。紙面をめくることで**自分の関心でないテーマが目に入ってくることも大事な点**です。その重要性を知ってもらうために，近年では **NIE**（Newspaper in Education：**教育に新聞を**）といった取り組みも広がってきています。

そこで，例えばグループで最低1紙の新聞を持ってきて，その記事，とりあえず見出しを見ながら，面白そうな，あるいは普段考えもしなかった社会事象を見つけて，それを出発点にテーマを決める，ということをしてみましょう。いまの自分の知識の枠組みをはみ出したテーマ設定を可能にしてくれます。インターネットから記事を取ってくるということがダメとは言いませんが，多少古くても（数か月～半年程度）構いませんし，教員が準備した新聞を見るということでもいいので，出発点では実際の新聞に触れることをお勧めしておきます。

あるいは，社会科学系を専門とする学生の PBL であれば，同じ日付の複数の新聞を用意するなどして，**同じ事象に対する記者や新聞社ごとの視点の違い**を考えてみると，より深いテーマ設定になるかもしれません。

8.1.3　テーマ選択の例②　SDGs と関連付けたテーマのプロジェクト学習

2015 年 9 月に国連サミットで採択されて以来，SDGs は世界で広く共有された目標として位置付けられています。**17 の目標**と，その下に 169 のターゲット，232 もの指標が定められてるというのも，地球の将来の持続可能性に向けた具体的な取組みだからこそです。その SDGs と関連付けたテーマ設定のグループワークを考えてみましょう。

SDGs の前身として，2000 年 9 月に MDGs（Millennium Development Goals：ミレニアム開発目標）がつくられました。SDGs と MDGs を比較してみると，MDGs では貧困への取組みが中心にあったのに比べ，SDGs では，環境問題や健康と福祉など，先進国も必要性を共有しやすいテーマを含めた，より包括的なものになっています[1)]。

図 8.1 は，SDGs の 17 の目標を図式化したものです。見たことがある人もいると思います。SDGs は包括的であるがゆえに，キチンと学ぶには時間が掛かりますが，身の回りの生活，一日の暮らしのなかでやっていることの多くが関わっています。自分の生活を出発点に，気になっていることを考えてみましょう。

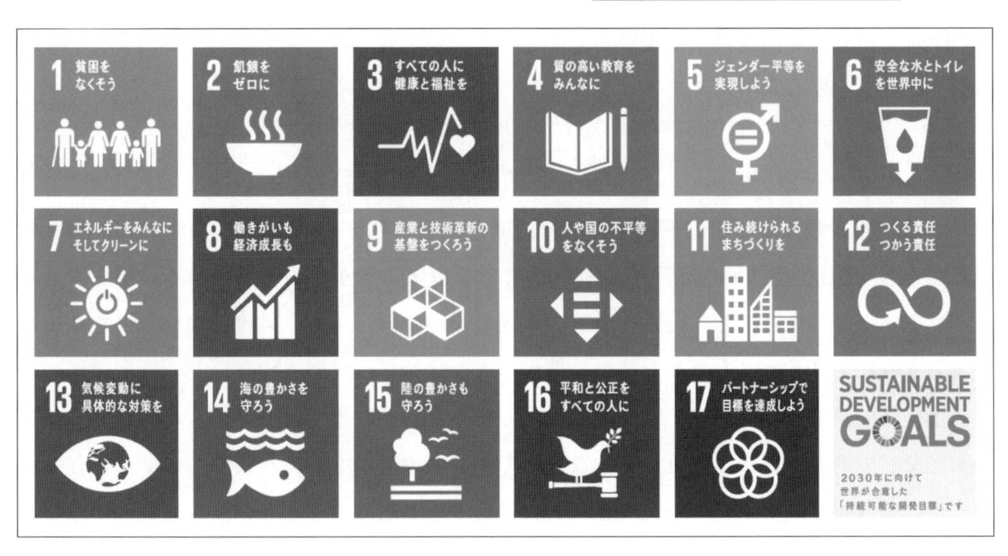

図8.1　SDGs　17の目標のロゴ[2)]

例えば，①自分の家で出しているゴミは，そもそもどこから来た製品で，最終的にどこへ行っているのか？ ②バイトが多すぎて，大学の勉強時間が確保しきれていないのではないか？ ③いままでの学校生活で，男女による扱いの違いはなかっただろうか？ などということを考えたとします。

この3点であれば

　①→ 12「つくる責任　つかう責任」

　②→ 4「質の高い教育をみんなに」（ここには当然，大学などの高等教育も入っています）

　③→ 5「ジェンダー平等を実現しよう」

という形で17の目標に関わってきます。

ここで考えたことを一つのきっかけに，それぞれのゴールの細分化されたターゲットを調べてみましょう。そこから，すでに行われている取組みの事例を調べる形でのプロジェクトでも良いでしょう。あるいは，出発点となった自分の身近な例を深めて，それが「持続可能なあり方」になるにはどのようなことが必要だろうか，という形でプロジェクトのテーマとしても良いと思います。

いずれにせよ，すぐに答えが出る（見つかる）ような問題はほとんどないはずです。ある地域でうまくいった事例があったとして，別の（例えば自分の住んでいる）地域でうまくいく保証はありません。どういう条件が整えばうまくいくか，ということも含めて，しっかりと考えてみましょう。

身近なレベルで気になったこととSDGsの目標との関連付けを厳密にするのか，身近な話はSDGsを考えるきっかけとしてゆるく捉えておくのかなどは，幅があると思いますので，教員と相談しながら進めてください。

8.1.4 テーマ選択の例③　企業研究のプロジェクト学習

第二次世界大戦後，西側先進国で高度経済成長が起こりました。日本ではおもに1950年代後半から1970年代初めのオイルショックまでを指すことが多いです。日本に限らず，西ドイツやイギリスなどでも，時期や成長の規模に違いはあっても，高度経済成長はありました。ちなみにアメリカはもう少し早い時期から成長が始まっています。

高度経済成長は，私たちの生活を劇的に変えました。それまではモノが少ない社会，つまり家庭などで消費される消費財は希少なもので，一つのものを大事に長持ちさせて使う生活でした。それが使い捨てを含む大量生産・大量消費を当然のものとした，人類史上初めての消費財が有り余る時代に突入したのです。モノがあるだけでは売れず，よりよく，より安いものが求められる経済競争の時代に入った，とも言えます。

21世紀に入り，そのライフスタイルは，かつて発展途上国と呼ばれた国の多くにも広がっています。それをインターネット上の情報や，インターネットを利用した取引きが加速させています。もっとも，ほとんどの先進国では，高度経済成長を終え，それまでのような高い経済成長率は期待できなくなっています。日本でも2015年ごろに注目されたトマ・ピケティ『21世紀の資本』は，こうした長期的な資本主義のあり方の変化を論じた本です（**表8.2**）。

表8.2を見ると，3％前後（網掛け部分）の高い経済成長率というのは，人類の歴史のなかで極めて例外的なものでしかないことがわかります。つまり，**高度成長というのは「20**

表8.2　産業革命以来の一人当たり産出成長（抜粋）[3]　〔年平均成長率：％〕

年	世界	ヨーロッパ	アメリカ	アフリカ	アジア
0-1700	0.0	0.0	0.0	0.0	0.0
1700-2012	0.8	1.0	1.1	0.5	0.7
1700-1820	0.1	0.1	0.4	0.0	0.0
1820-1913	0.9	1.0	1.5	0.4	0.2
1913-2012	1.6	1.9	1.5	1.1	2.0
1913-1950	0.9	0.9	1.4	0.9	0.2
1950-1970	2.8	3.8	1.9	2.1	3.5
1970-1990	1.3	1.9	1.6	0.3	2.1
1990-2012	2.1	1.9	1.5	1.4	3.8

注）ここでの「産出」とは，GDPなどで言うproduct（生産）を指すので，産出成長率は一般的な経済成長率と同じものとして捉えて良い。網掛けは引用者による。

世紀の一時的な現象」であり，特に人口減少の始まった日本では，過去のモデルで経済成長を期待できなくなっている，と言えそうです。

いずれにせよ，高度経済成長以後の社会では，従来以上に企業という経済主体の役割が大きくなっています。そしてほとんどの学生は，大学もしくは大学院を出たあと，企業に入ることが日本では当然とされています。仮に起業を考えるような人でも，ある業界の状況を知り，そのなかでの企業のあり方を調べることがキャリア形成にとって重要になってきます。

〔1〕 業界研究

個別の企業を調べる前に，まずはその企業を取り囲む業界について調べることが必要です。その業界の市場規模の変化を調べることで，今後の展望が見えてくるでしょう。いまでは市場規模にとどまらず，先ほどのSDGsのように，その業種のあり方が将来にわたって持続可能なものなのか，持続可能にするための取組みをどう行っているか，ということも重要なテーマになってくるでしょう。

また，ほとんどの企業活動は今日，グローバルな市場を前提としているため，諸外国の同業界との競合や協力関係を調べることも必要でしょう。また，国内，国外に限らず，関連した（たがいに影響関係のある）業界はなにになるでしょうか。それとも関連しますが，なにか大きなニュースが起きたときに株価が上がったり下がったり，ということがありますね。どんなニュースが起きたときにその業界の株価が上下するか，なども，業界について考える大事なポイントです。

業界・企業研究の場合，学部や学科のまとまりで，ある程度専門と関係する業界がいくつか絞り込める場合が多いと思います。しかし，そうは言っても「IT関係の専門だからIT業界」といった形で漠然と選ぶわけにはいかないことはもちろんです。皆さんがその会社の人間だったら，こんな単純な志望動機で面接に来る学生を採用するでしょうか。

「IT関係の専門」だとして，そのなかでどのような関心を自分（たち）は持っており，それゆえ，IT関連のなかでもハード，コンテンツ制作，ネット広告，周辺機器，システムのマネジメントなど，より踏み込んで考えたうえで，明確な目的を持って業界を絞り込みましょう。

〔2〕 企業研究

もちろん，皆さんが実際に働くのは，個別の企業です。マーケットでの各企業のシェアや企業規模，それぞれの企業の給与水準，労働時間，企業の雰囲気や消費者の持っているイメージなどを調べていく必要があります。

グループで業界を決めて，一般的な動向を抑えたうえで，その業界から例えば三つの企業を調べていく，といった進め方が考えられます。一人が一企業ずつという形で分担してもいいでしょう。その際に，できるだけ規模の異なる企業を選ぶと，業界の置かれた状況を多面的に捉えることにつながります。

企業について調べるときに，その企業の web サイトを参照すること自体は必要なことです。しかし一般的に言って，企業の web サイトは PR（広報：public relations）や IR（投資家向け情報：investor relations）を目的に，広くいって企業が自らの利益のためにつくっているものです。

これは当然のことではありますし，現在の企業統治（governance）において，CSR（企業の社会的責任：corporate social responsibility）などを含めて，法律にのっとり，また正確な情報を公表し，透明性を確保する必要性が言われています。とはいえ，透明性の確保もそれによってプラス評価を得ることを含めたイメージ戦略のなかで発信されている情報であり，**第三者が客観的に発信したものとは異なる**ものであることは，意識しておいた方がいいでしょう。

そうした点も含め，経済紙（誌），業界紙（誌），企業関連のデータベースなどを活用し，必要であればインタビューなどで実際に働いている方の生の声も集めて，多面的な情報を集めるようにしましょう。

8.2 プロジェクト学習のスケジュール案

プロジェクト学習においては，「つぎの授業までになにをやるべきか」を具体的に把握しておくことが重要です。また，中間発表まで，最終発表までになにをやるべきか，などの中期的なスケジュールを考えておくとより効果的です。そのためにも全体のスケジュールを踏まえてゴールまでの見通しを自分なりに持っておきましょう。「発表直前に一気にやろう」と思っても，難しいものです。いざ調べてみるとどうしても時間が掛かる問題につきあたるもので，そこを妥協せずにクリアできれば優れたリサーチとして評価されるでしょう。

プロジェクト学習のスケジュールは，最終的なアウトプットを個人レポートにするか，グループでのプレゼンテーションにするか，といった形式面で変わってくることが多いので，それに合わせたプランを紹介しておきます。ただし，前節で取り上げた三つのテーマ設定のイメージを具体的に持ってもらうため，テーマ決定までの流れ，おおよそ初回から 4，5 回目までのスケジュールのイメージも書いておきます。テーマ決定までの流れは，個人レポートにせよグループ発表にせよ，大きく変わらないものとして考えておきます。

8.2.1 テーマ決定までの流れのイメージ

テーマ決定までの流れのイメージを**表 8.3～8.5** に示します。

表 8.3 ①新聞を用いて社会問題を探すテーマ設定の場合

	内 容	ねらい
序盤（1〜4・5回目）	ガイダンス（授業のねらい） グループ結成	プロジェクト学習の進め方とそのねらいを理解する。
	新聞やニュースなどから，現在の社会課題に触れ，そこからテーマを考える。	インターネット経由の情報だけでなく，それ以外のテーマの存在を知るきっかけをつくる。同時に，新聞などのメディアの役割を考える。
	（上級編）関心のあるテーマについて，複数のソース（新聞，記者，ニュースなど）の視点の違いから，課題を掘り下げていく。	社会的関心の高いグループは，より深い視点で社会について考えるトレーニングとして位置づける。
	テーマ発表	テーマを具体的にどういう角度から掘り下げるかを決める。

注） ┈┈は，内容上の区切りを意味するもので，講義 1 回分という意味ではない（以下同）。

表 8.4 ② SDGs と関連付けたテーマ設定の場合

	内 容	ねらい
序盤（1〜4・5回目）	ガイダンス（授業のねらい） グループ結成	プロジェクト学習の進め方とそのねらいを理解する。
	SDGs17 の目標についての簡単なレクチャー	あくまで，SDGs という視点を知るための簡単なもの。テーマを調べながら同時に，そのテーマと関係する目標についても調べる必要がある。
	①身近な事例から，SDGs17 の目標のいずれかに関わりそうなものを掘り下げていく。 ②17 の目標の下の具体的なターゲットなどから，関心のあるものを選び，それに向けて活動している事例を調べていく。	
	テーマ発表	テーマを具体的にどういう角度から掘り下げるかを決める。 そのテーマが SDGs の視点とうまくかみ合っているかチェックする。

表 8.5 ③企業研究の場合

	内 容	ねらい
序盤（1〜4・5回目）	ガイダンス（授業のねらい） グループ結成	プロジェクト学習の進め方とそのねらいを理解する。
	調べる業界の決定	自分たちの専門と重なる業界について，その動向や市場規模の変化など，基礎的な情報を得る。
	その業界のどこの企業を選ぶか。	データベース，業界紙（誌）などを用いて，一般的には知られていないような，業界・企業ごとに特有な情報を探してみる。
	テーマ発表	業界・企業を具体的にどういう角度から掘り下げるかを決める。

8.2.2　全体のスケジュール案

〔1〕個人レポートを最終的なアウトプットとするスケジュール

最終的なアウトプットとして，個人レポートを課す授業のプランを紹介します（**表 8.6**）。ここでは，授業中盤までをグループでのリサーチを行う形式にしました。グループワークにもある程度慣れてもらうという目的もあります。同時に，テーマについての基礎的なリサーチの段階をグループで行うことで，そのテーマの基礎知識を共有するメンバーがクラスのなかにいることになります。個人での最終レポートを執筆する際にも，たがいに相談しやすいメンバーがいる，という利点が生じます。

表 8.6　個人レポートを最終的なアウトプットとする場合

	内　容	ねらい
序盤	テーマ決定までは，8.2.1 項を参照すること。	
中盤（4・5回目～10回目くらい）	決定したテーマに沿ってさらに情報収集	
	スライドまたはポスター作成（シンプルなものでよい）	わかりやすい例示を心がける。
	グループでの中間プレゼンテーション 取り上げるテーマの基本的な知識の確認，問題点の整理など	グループワークに慣れる。 基本事項を共有できるメンバーをつくる。
終盤（10回目くらい～最後）	個人レポートのテーマ設定	グループでプレゼンテーションしたテーマを踏まえつつ，そこで調べられなかったこと，残った疑問を自分なりの視点で掘り下げていく。
	レポート執筆	序論・本論・結論をひとりで書き切ることで，テーマを構造的に表現することを実践。 元のグループ内で意見交換が（知識面でも，人間関係でも）やりやすい。 元のグループで草稿を読み合わせて，わかりにくい部分を指摘し合う（校正だけでなく，構成や内容面のレベルで）。
	レポート提出	

〔2〕グループでの発表を最終的なアウトプットとするスケジュール

続いて，最後までグループでの作業を行い，グループでのプレゼンテーションを最終的なアウトプットとする授業を想定したスケジュールを紹介します（**表 8.7**）。

かなりの少人数授業で，個人でのプレゼンテーションの時間が取れる場合は，最終発表を個人で，というケースもあると思います。

表 8.7 グループでのプレゼンテーションを最終的なアウトプットとする場合

	内　容	ねらい
序盤	テーマ決定までは，8.2.1 項を参照すること。	
中盤（4・5回目～10回目くらい）	グループでのレポート作成	グループで分担しながらレポートを作成することで，早い段階で基本的な情報を収集しつつ，報告全体の構成を意識してもらう。
	中間発表	レポートの目次をベースに，重要な点をまとめて発表する。ほかの人からの意見を聞くことで，最終報告に向けての課題を整理する。
終盤（10回目くらい～最後）	スライドまたはポスター作成 教員はグループの数とスケジュールに応じて，スライドでの発表かポスターでの発表かを調整	調べたことをベースに，いかに伝えるかを意識して，スライドまたはポスターを作成する。
	最終発表	質疑応答も含めて，わかりやすく伝える，たがいに建設的な批判をすることを実践。

Point プロジェクトを進めるにあたっての注意点

- 授業のテーマ設定がどのような場合であっても，そのなかでどのような題材を選んで調査を行うか，センスが問われます。自分たちの関心を出発点に，ほかの人にもその意義を理解してもらえるよう，よく考えてテーマを絞り込みましょう。
- どんな題材を取り上げるにしても，絞り込んだテーマにふさわしく，かつ信頼性の高い情報をどう集めるかが重要です。「インターネットで検索してすぐ出てくる」というような単純なものではないことに注意しましょう。
- 中・長期的なスケジュールを把握し，計画的にプロジェクトを進めましょう。

引用・参考文献

★1章

1） C. C. Bonwell and J. A. Eison: Active Learning：Creating Excitement in the classroom, ASHE-ERIC Higher Education Report No.1（1991）
2） 文部科学省：平成 18 年度学校基本調査
3） 溝上慎一：アクティブラーニングと教授学習パラダイムの転換，東信堂（2014）
4） 国立教育政策研究所：キー・コンピテンシーの生涯学習政策指標としての活用可能性に関する調査研究
5） 経済産業省近畿経済産業局：社会人基礎力とは
https://www.kansai.meti.go.jp/2sangyokikaku/koyou/kisoryoku/20150227001.pdf
6） J. W. Thomas：A Review of Research on Project-Based Learning, Autodesk（2000）
http://www.bobpearlman.org/BestPractices/PBL_Research.pdf
7） Hmelo-Silver：Problem based-learning: What and how do students learn?, Educational Psychology Review, **16**（3），pp.235-266（2004）
8） 溝上慎一，成田秀夫（編）：アクティブラーニングとしての PBL と探求的な学習，東信堂（2016）

★2章

1） デヴィッド・ボーム（著），金井真弓（訳）：ダイアローグ――対立から共生へ，議論から対話へ――，英治出版（2007）
2） 中野民夫：ワークショップ――新しい学びと創造の場――，岩波書店（2001）
3） 堀　公俊，加藤　彰：ワークショップ・デザイン――知をつむぐ対話の場づくり――，日本経済新聞出版社（2008）

★3章

1） D. H. Jonassen and W. Hung：All Problems are Not Equal: Implications for Problem-Based-Learning, Interdisciplinary Journal of Problem-Based Learning, **2**（2），pp.6-28（2008）

★4章

1） 東京工科大学 メディアセンター図書館
https://www.teu.ac.jp/lib/index.html
2） EBSCO Information Services Japan 株式会社：EBSCO Discovery Service 講習会（東京工科大学）配布資料（2019）
3） Google ウェブ検索ヘルプ
https://support.google.com/websearch#topic=3036132

4) Webcat Plus 連想検索
http://webcatplus.nii.ac.jp

★5章

1) 河野哲也：レポート・論文の書き方入門（第3版），pp.34-35，慶應義塾大学出版会（2002）
2) 木下是雄：レポートの組み立て方，pp.1-2，筑摩書房（1990）
3) 吉田健正：大学生と大学院生のためのレポート・論文の書き方（第2版），pp.12-16，ナカニシヤ出版（2004）
4) 保坂弘司：レポート・小論文・卒論の書き方，pp.54-56，講談社（1978）
5) ノートルダム清心女子大学人間生活学科（編）：大学生のための研究ハンドブック　よくわかるレポート・論文の書き方，p.77，大学教育出版（2011）
6) 科学技術振興機構：参考文献の役割と書き方
http://jipsti.jst.go.jp/sist/pdf/SIST_booklet2011.pdf
7) 情報処理学会（編）：論文誌ジャーナル（IPSJ Journal）原稿執筆案内
https://www.ipsj.or.jp/journal/submit/ronbun_j_prms.html
8) 中井俊樹（編著）：アクティブラーニング，p.190，玉川大学出版部（2015）

★6章

1) 宮野公樹：研究発表のためのスライドデザイン──「わかりやすいスライド」作りのルール──，pp.14-18，講談社（2013）
2) 宮野公樹：学生・研究者のための使える！ PowerPoint スライドデザイン──伝わるプレゼン1つの原理と3つの技術──，pp.28-29，化学同人（2009）
3) 吉澤準特：外資系コンサルが実践する資料作成の基本──パワーポイント，ワード，エクセルを使い分けて「伝える」→「動かす」王道70──，pp.136-157，日本能率協会マネジメントセンター（2014）
4) 長沢朋哉：新人広告プランナーが入社時に叩き込まれる「プレゼンテーション」基礎講座，pp.158-161，日本実業出版社（2015）
5) 河合浩之：パワーポイント PowerPoint　あっ！と驚く快速ワザ，pp.116-117，技術評論社（2014）

★8章

1) 中澤静男，辰巳諭子：これからのESDの方向性に関する一考察──SDGsへの教育的アプローチとしてのESD──，奈良教育大学紀要，**67**，pp.179-189（2018）
2) 国際連合広報センター
https://www.unic.or.jp/files/sdg_logo_ja_2.pdf
3) トマ・ピケティ（著），山形浩生ほか（訳）：21世紀の資本，みすず書房（2015）

索　　引

【あ行】

アクティブラーニング　1
新たな未来を築くための大学教育の質的転換に向けて　1
一次資料　43
イラスト　73
webサイト　47
円グラフ　79
帯グラフ　78
折れ線グラフ　78
オンライン画像　80

【か行】

解決策　63, 69
階層図　76
学士課程教育の構築に向けて　1
学術用語　65
学士力　4
学生の多様化　6
箇条書き　75
画　像　64
学校から仕事・社会へのトランジション　8
過不足ないデータや資料の収集　34
感想文　59
起・承・転・結　60
キー・コンピテンシー　8
キーワード検索　43, 51, 53, 55, 56
技　能　3
客観的　60
キャプション　64
キャリアデザイン　8
行頭記号　75
議論状況　62
グラフ　64
クリエイティブカオス　20
クリップアート　80
グローバル社会　8
掲載日時　49
結　論　61
研究・調査方法　62
検索エンジン　53
検索システム　50
項　64
更新日時　49
誤　字　65
ゴシック体　74
コメントシート　7, 11
コンセンサス　16

【さ行】

雑誌論文　68
参考図書　47
参考文献　66
思　考　3
自然文検索　52
下調べ　43
実社会での問題解決　34
社会人基礎力　2, 8
社会的信頼性　44, 49, 50, 53
集合図　76
主観的　59
授業評価アンケート制度　7
主　題　61
出　典　49, 79
受動的学習　2
循環図　76
章　64
象限図　76
詳細検索　51, 53, 54
小テスト　11
小レポート　11
書　籍　46, 67
書　体　74
序　論　61
新聞記事　68
図　64
スキル　3
スライド　72
――の構成　73
スライド資料　72
成果物　3
節　64
専門用語　65
相関図　76
相互教授法　11
相互承認　21
相互理解　21

【た行】

大学の大衆化　5
タイトルスライド　73
対話の五つのプロセス　20
他者との協調，協働　4
脱　字　65
段階図　76
知識基盤社会　8
注　67
中央教育審議会　1
注　釈　65
著作権　66
定期刊行物　47
ディスカッション　11
データベース　52
テーマ案シート　38
適度な難問　35
デザインテンプレート　74
導入教育　6
図　書　46
ドメイン名　54

【な行】

21世紀型スキル　8
人間的価値の探求　3
人間的成長　3
能動的学修　2

【は行】

発表練習　83
パワーポイント　72
汎用的な態度　3
汎用的な能力　3
非構造性　35
非構造問題　36
表　64
複雑性　35
副　題　61
プレゼンテーション（プレゼン）　11, 81
プロジェクト学習　11
プロセス図　76
文献リスト　44
文章化　38
ページ数　66
棒グラフ　78
本　論　61

【ま行】

マトリクス図　76
メイリオ　74
目　次　44, 73
問題意識　61
問題解決学習　11
問題を発見　3

【よ】

読み原稿　82
読み練習　82

【ら行】

ライセンス　80
リフレクション　19
リメディアル教育　6
ルーブリック　71
レポート　59
連想検索　55
ロールプレイ　11

【英語】

CiNii Articles　34
Japan Knowledge　34
OPAC　51
PBL　1
PDCAサイクル　18
SDGs　86

――編著者・著者略歴――

稲葉　竹俊（いなば　たけとし）
1982年　慶應義塾大学文学部フランス文学科卒業
1984年　パリ第三大学修士課程修了
1985年　慶應義塾大学大学院文学研究科修士課程修了
1988年　パリ第三大学博士課程DEA修了
1994年　慶應義塾大学大学院文学研究科博士課程単位取得退学
1999年　東京工科大学助教授
2006年　東京工科大学教授
2020年　逝去

村上　康二郎（むらかみ　やすじろう）
1994年　慶應義塾大学法学部法律学科卒業
1998年　慶應義塾大学大学院法学研究科修士課程修了
2002年　慶應義塾大学大学院法学研究科博士課程単位取得満期退学
2002年　東京工科大学専任講師
2009年　博士（情報学）（情報セキュリティ大学院大学）
2010年　東京工科大学准教授
2020年　東京工科大学教授
2022年　情報セキュリティ大学院大学教授
現在に至る

佐藤　宏樹（さとう　ひろき）
2006年　帝京大学文学部社会学科卒業
2008年　帝京大学大学院経済学研究科修士課程修了（経営学専攻）
2008年　教育系ベンチャー企業にて予備校運営に従事（～2011年）
2011年　公益法人にて産官学連携事業に従事（～2014年）
2013年　帝京大学短期大学ほかで非常勤講師
2017年　特定非営利活動法人こととふラボ代表理事
2018年　東京工科大学特任講師
2021年　東京工科大学兼任講師（～2025年）
2024年　社会構想大学院大学実務教育研究科修士課程修了
2025年　宮崎大学特別教員
現在に至る

鈴木　万希枝（すずき　まきえ）
1990年　慶應義塾大学文学部人間関係学科卒業
1992年　慶應義塾大学大学院社会学研究科修士課程修了
1995年　慶應義塾大学大学院社会学研究科博士課程単位取得満期退学
1999年　東京工科大学専任講師
2006年　東京工科大学助教授
2007年　東京工科大学准教授
2021年　東京工科大学教授
現在に至る

神子島　健（かごしま　たけし）
2002年　東京大学教養学部総合社会科学科卒業
2006年　東京大学大学院総合文化研究科修士課程修了（国際社会科学専攻）
2010年　東京大学大学院総合文化研究科博士後期課程単位取得退学（国際社会科学専攻）
2010年　東京大学大学院総合文化研究科国際社会科学専攻助教（～2014年）
2011年　博士（学術）（東京大学）
2014年　東京理科大学ほかで非常勤講師
2018年　東京工科大学准教授
2024年　東京工科大学教授
現在に至る

改訂 プロジェクト学習で始めるアクティブラーニング入門
—— テーマ決定からプレゼンテーションまで ——
Getting Started in Project - Based Learning : Introduction to Active Learning
(Revised Edition)

2017 年 2 月 23 日　初　版第 1 刷発行
2019 年 1 月 30 日　初　版第 3 刷発行
2019 年 12 月 20 日　改訂版第 1 刷発行
2025 年 2 月 20 日　改訂版第 6 刷発行

検印省略

編著者　稲葉竹俊
著　者　鈴木万希枝
　　　　村上康二郎
　　　　神子島健
　　　　佐藤宏樹
発行者　株式会社　コロナ社
　　　　代表者　牛来真也
印刷所　壮光舎印刷株式会社
製本所　株式会社　グリーン

112-0011　東京都文京区千石 4-46-10
発行所　株式会社　コロナ社
CORONA PUBLISHING CO., LTD.
Tokyo Japan
振替00140-8-14844・電話(03)3941-3131(代)
ホームページ　https://www.coronasha.co.jp

ISBN 978-4-339-07823-7　C3050　Printed in Japan　(松岡)